역사가 묻고
생명과학이 답하다

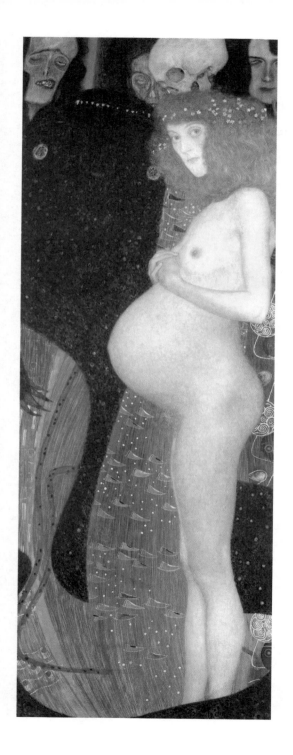

1 구스타프 클림트, 〈희망 I〉,
1903년, 캐나다 국립미술관, 캐나다 오타와

2 윌리엄 블레이크, 〈야곱의 사다리〉, 1799~1806년, 대영박물관, 영국 런던

"왓슨과 크릭이 발표한 DNA.

이것이야말로 나에겐 신이 존재한다는 진정한 증거입니다."

살바도르 달리

3 페테르 파울 루벤스, 〈사슬에 묶인 프로메테우스〉, 1611~1618년, 필라델피아 미술관, 미국 필라델피아

"말해주세요. 사랑은 어디에서 생기나요?

심장인가요? 아니면 머리인가요?"

윌리엄 셰익스피어

4 세바스티아노 리치, 〈아스클레피오스의 꿈〉, 1710년, 아카데미아 미술관. 이탈리아 베네치아

"힘든 것은 새로운 무언가를 생각해내는 일이 아니라,
이전에 갖고 있던 생각의 틀에서 벗어나는 일입니다."

존 메이너드 케인스

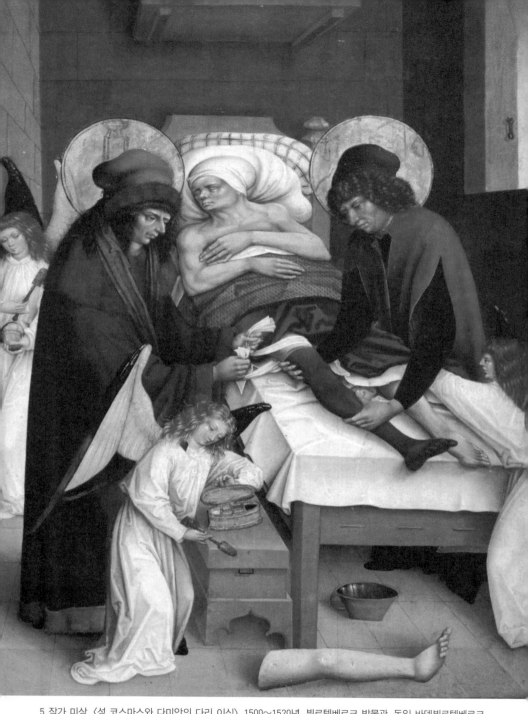

5 작가 미상, 〈성 코스마스와 다미안의 다리 이식〉, 1500~1520년, 뷔르템베르크 박물관. 독일 바덴뷔르템베르크

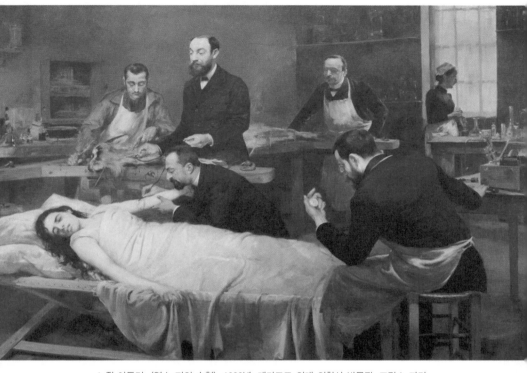

6 쥘 아들러, 〈염소 피의 수혈〉, 1892년, 데카르트 의대 의학사 박물관, 프랑스 파리

"어제의 꿈은 오늘의 희망이고
내일의 현실이기 때문에
불가능한 것을 말하기는 어렵습니다."

로버트 고더드

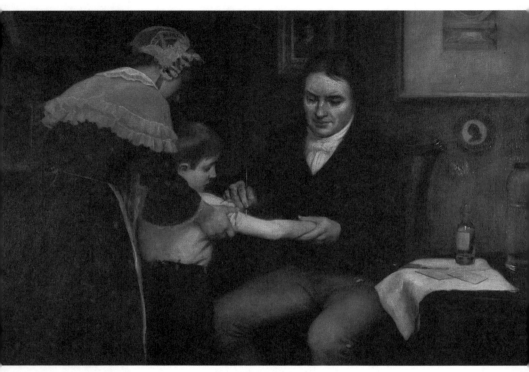

7 에른스트 보드, 〈첫 예방 접종을 실시하는 에드워드 제너〉, 1929년. 웰컴 컬렉션, 영국 런던

"여러분이 보는 바는 박테리아에 의한 끊임없는 지배가
생명의 역사에서 가장 눈에 띄는 특징이라는 점입니다."

스티븐 제이 굴드

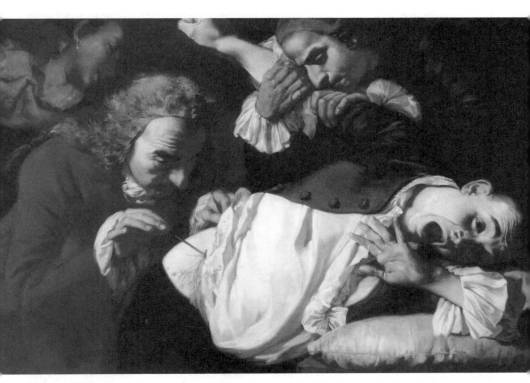

8 가스파레 트라베르시, 〈수술〉, 1753~1754년. 슈투트가르트 국립미술관, 독일 슈투트가르트

"현명한 자의 목표는 즐거움을 얻는 것이 아니라
아픔을 피하는 데 있습니다."

아리스토텔레스

9 페테르 파울 루벤스, 〈삼미신〉, 1630~1635년. 프라도 미술관, 스페인 마드리드

"당신이 무엇을 먹는지 말해준다면
당신이 어떤 사람인지 말씀드리겠습니다."

장 앙텔름 브리야사바랭

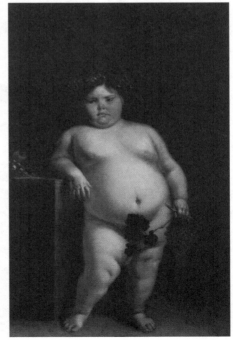

"우리 속의 자연 치유력이
진정한 질병의 치유제입니다."

히포크라테스

10 ◀ 후안 카레뇨 데 미란다, 〈옷을 입은 괴물〉, 1680년,
프라도 미술관, 스페인 마드리드.

▶ 후안 카레뇨 데 미란다, 〈벌거벗은 괴물〉, 1680년, 프라도
미술관, 스페인 마드리드

"아직 삶도
모르는데 어찌
죽음에 대해
알겠는가?"
공자

11 마사초, 〈성 삼위일체〉,
1425~1426년, 산타 마리아
노벨라 성당, 이탈리아 피렌체

12 세바스티아노 리치, 〈에오스와 티토노스〉, 1705년, 로열 컬렉션, 영국 런던

13 레옹 오귀스탱 레르미트, 〈클로드 베르나르와 그의 제자들〉, 1889년, 웰컴 컬렉션, 영국 런던

"아무리 많은 실험으로도 내가 옳다는 것을 증명할 수 없습니다.
반면 단 한 번의 실험으로도 내가 틀렸다는 것을 증명할 수 있습니다."

알베르트 아인슈타인

14 조셉 라이트, 〈진공 펌프 안의 새에 대한 실험〉, 1768년, 내셔널 갤러리, 영국 런던

"연구에는 두 유형이 있습니다.
응용된 연구와 아직 응용되지 않은 연구입니다."

조지 포터

역사가 묻고
생명과학이 답하다

묻고 답하다 05

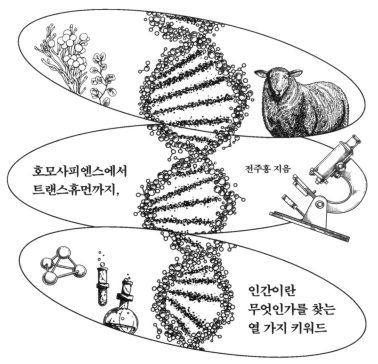

호모사피엔스에서
트랜스휴먼까지,

전주홍 지음

인간이란
무엇인가를 찾는
열 가지 키워드

지상의책

인공지능 시대의 긴박한 질문, 생명이란 과연 무엇인가?

역사는 대개 과거에 있었던 사건의 기록이나 이를 재구성한 결과물을 말합니다. 한편 과학은 관찰과 실험에 기대어 자연현상을 설명하는 일입니다. 얼핏 보기에 이 둘은 별로 접점이 없는 분야처럼 보입니다. 뉴턴 Isaac Newton 이나 다윈 Charles Darwin 같은 저명 과학자의 삶과 업적을 책이나 언론 매체에서 접할 때도 우리는 보통 흥미로운 인물 이야기로 여기는 데 그치곤 하지요. 역사와 과학의 시야에서 넓게 바라보기란 쉽지 않습니다. 역사학자와 과학자가 만나서 함께 대화 나누는 모습은 어쩐지 상상 속에서도 어색하고요.

사실 역사와 과학은 두 단어의 어원을 들여다보면, 관계가 아주 밀접합니다. 역사를 가리키는 영어 단어 'history'는 원래 지식을 추구하는 행위 또는 조사나 탐구를 통해 얻은 지식을 뜻하는 그리스어 'historia'에서 유래했습니다. "아는 것이 힘이다."라는 유명한 말을 남긴 프랜시스 베이컨 Francis Bacon 이 살았던 16~17세기까지도 'history'는 역사라기보다 관찰이나 실험에서 비롯된 체계적인 탐구 기록이나 보고 자료를 의미했지요.

그렇다면 역사와 과학의 만남은 색다르다기보다 오히려 자연스럽고 당연하다고 볼 수 있습니다. 더군다나 과학을 뜻하는 'science'가 총체적 지식 혹은 현상 이면에 숨은 질서를 뜻하는 라틴어 'scientia'에서 유래했다는 점을 떠올리면 더더욱 그러합니다. 숨은 질서를 발견하여 총체적 지식을 쌓으려면, 지식을 추구하는 조사나 탐구가 필요할 수밖에 없으니 말입니다. 그렇다면 역사와 과학을 별개로 보는 시선이 도리어 의아하다고 할 수 있습니다. 역사를 좋아한다는 것은 과학을 좋아한다는 것의 또 다른 표현입니다.

모든 지식은 그 지식을 낳은 사회와 역사에 구속되는 면이 있습니다. 지식 생산도 사람이 하는 일이니까요. 과학 지식 또한 예외일 수는 없습니다. 알베르트 아인슈타인 Albert Einstein 은 로버트 손튼 Robert Thornton 과의 대화에서 "역사적, 철학적 배경에 관한 지식은 과학자 대부분이 겪고 있는 당대의 편견에서 벗어날 수 있도록 해준다."라고 말하기도 했지요.[1] 이쯤 되면 역사와 과학의 만남은 숙명이라고도 할 수 있을 것 같습니다.

역사와 생물학이 만날 때

생물학은 주로 생물生物 을 대상으로 생명현상의 본성을 탐구하는 학문을 뜻합니다. 요즘은 생물을 탐구하는 방식이 첨단화되면서 생물학보다 생명과학이라는 용어가 널리 사용되고 있습니다. 생명과학이라는 말이 더 친숙하게 느껴진다면 2012년부터 고등학교 생물 과목의 명칭이 생명과학으로 변경된 이유도 있겠지요.

생물학을 가리키는 영어 단어 'biology'는 그리스어로 생명을 뜻하는 'bios'와 학문을 뜻하는 'logia'에서 유래했습니다. 생물학은 고대 그리스 시절부터 의학과 철학 분야의 전통 속에서 발전했지만, 'biology'라는 용어는 19세기에 다다라서야 등장했습니다. 이 용어가 등장하기 전에도 생물학이라 부를 만한 분야는 존재했지만 지금 우리가 알고 있는 그런 의미는 아니었고 자연에 존재하는 생물이나 광물을 분류하고 성질을 기록하는 자연사natural history의 개념을 벗어나지 못했습니다.[2] 따라서 생물학의 학문적 독자성을 찾아보기는 어려웠지요.

1802년 장바티스트 라마르크Jean-Baptiste Lamarck와 고트프리트 라인홀트 트레비라누스Gottfried Reinhold Treviranus가 생물학을 현대적 의미에 가깝게 정의했습니다. 이들은 생물학이 표본을 수집하고 분류해서 이름을 붙이는 데 만족해서는 안 된다고 보았습니다. 즉 눈에 보이는 현상만 그럴듯하게 설명하는 데 그쳐서는 안 된다는 거죠. 대신 생물의 발생 규칙이나 생명현상의 기저에 놓인 법칙 같은 내부 관계를 연구해야 한다고 생각했습니다. 라마르크나 트레비라누스의 견해는 생물학이 독립적인 과학 분과로 자리 잡는 데에 중요한 계기를 제공했습니다.[3]

이후 생물학은 무섭게 질주하기 시작합니다. 우선 생물에는 무생물과 달리 특별한 힘이 있다고 믿는 생기론vitalism과, 생물은 정해진 목적을 향해 나아간다고 믿는 목적론teleology을 과학의 영역에서 몰아냅니다. 생물을 구성하는 물질적 요소와 기계적 원리에 근거해서 생명현상을 설명하는 기계론적이고 환원론적인 관점이 생물학을 지배하게 된 거지요. 달리 말해 신비주의와 결별하고 현대과학의 지위에 오를 수 있게 된 것입니다. 그렇게 20세기에 접어들자 생명과학은 본격적으로 의학의 발전을 이끌기 시작합니다. 생명과학적 원리가 의학에 접목된 '생의학biomedicine'의 시대가 열린 것입니다.⁴ 그러면서 전체와 부분을 아우르는 통합적 관점이 더욱 중요해졌습니다.

이제는 질병을 생물학적으로 이해하지 못하면 치료제 개발도 요원하다는 사실을 너무나 잘 알고 있습니다. 생물학과 의학의 만남은 여기서 그치지 않고 최근 들어 새로운 전환점을 맞고 있습니다. 생체분자지표를 토대로 질병의 양상을 진단하고 최적의 치료 방법을 선택하는 개인 맞춤 의학의 시대가 본격적으로 열렸습니다. 바로 정밀의학이 출현한 것입니다. 일부 암은 이미 유전자 변이 검사 결과에 따라 최적의 항암제를 선택하여 환자를 치료하고 있습니다.

이렇듯 생물학은 역사의 흐름 속에서 여러 학문적 전통과 만나고 섞이면서 복잡하고 독특한 특징을 띤 과학으로 발전했습니다. 그렇다면 생물학을 역사 그 자체라고 불러도 그리 어색하지 않습니다. 더군다나 생명의 역사는 우연한 변이와 자연선택 속에서 끊임없이 생성과 소멸이 일어난 역사이니 말입니다. 그래서 생명현상이나 생리작용이 역사의 산물이라는 사실을 놓친다면 생물학적 원리를 제대로 이해하기란 어렵습니다. 그만큼이나 생물학에는 역사적 속성이 듬뿍 담겨 있습니다.

천변만화해온 생명과학의 매력

인간유전체 지도를 완성한 주역 중 한 명인 크레이그 벤터 Craig Venter 는 "20세기가 물리학의 세기라면 21세기는 생물학의 세기"라고 말한 바 있습니다. 프랑스 대통령 발레리 지스카르데스탱 Valery Giscard d'Estaing 은 심지어 20세기를 일컬어 생명과학의 세기라고 했지요. 이렇게 생명과학이 주목받는 이유는 충분히 이해가 갑니다. 질병과의 싸움을 승리로 장식할 강력한 무기이기 때문이지요. 하지만 이런 유용함 말고도 생명과학은 지적 흥분을 불러일으키는 독특함으로 가득합니다.

생명과학에서는 그 어느 과학보다 새로운 개념을 제시하는 일이 중요합니다. 새로운 발견보다 새로운 개념이 훨씬 더 중요한 변화를 일으키고 영향력을 행사한다는 뜻입니다. 다윈이 다양한 핀치새 부리 모양을 발견한 일이나 제임스 왓슨 James Watson 과 프랜시스 크릭 Francis Crick 이 DNA 이중나선 구조를 발견한 것을 떠올리면 이해하기 쉽죠. 두 사례 모두 발견 그 자체보다, 이 발견에서 비롯된 자연선택이라는 개념 그리고 유전정보의 암호화라는 개념이 생물학의 비약적인 발전을 이끌었습니다.

이런 면을 볼 때 생명과학은 엄격한 결정론이나 보편법칙과는 잘 어울리지 않습니다. 물리학자이자 과학철학자 이블린 폭스 켈러 Evelyn Fox Keller 는 보편법칙에 대한 탐색을 중요하게 여기는 물리학자와 비교하면서 "생명과학자는 자신의 발견이 법칙의 지위를 획득할 수 있을지에 대해 거의 관심을 두지 않는다."라고 말하기도 했습니다.[5] 물론 그렇다고 해서 생명과학의 세계에서 규칙성이 없거나 드물다는 것이 아닙니다. 오히려 상당히 풍부합니다. 다만 그 규칙성이 보편적이지 않고 늘 예외적 사례가 존재하지요.

생체분자 수준에서 살펴보면 생물도 무생물과 마찬가지로 기계론의 원리를 철저히 따릅니다. 하지만 장기나 개체 수준으로 올라갈수록 아직 환원론과 기계론으로는 생명현상을 잘 설명하기가 어렵습니다. 무생물과 달리 생물은 분자, 세포소기관, 세포, 조직, 장기, 개체에 걸친 계층적 혹은 위계적 질서를 지닌 체계이기 때문입니다. 더군다나 40억 년에 달하는 생명 진화의 역사는 우연성, 확률성, 창발성, 다원성이 뒤섞인 과정으로 다른 과학과 달리 생명과학을 아주 독특하게 만들고 있습니다.

진화생물학자 에른스트 마이어Ernst Mayr도 물리학에서 말하는 인과성의 의미는 생명과학에서 말하는 것과는 다름을 강조한 바 있습니다.[6] 생명과학의 인과성 문제는 근접원인과 궁극원인으로 나누어 생각해 볼 수 있는데요. 근접원인을 밝히는 생명과학은 주로 생명현상이 어떤 과정을 거쳐 나타나는지에 주목하며 실험적 접근을 강조합니다. 반면 궁극원인을 탐구하는 생명과학은 생명현상과 과정이 어디서 비롯했는지에 대해 관심을 가지며 비교와 관찰을 통한 합리적 추론에 집중합니다. 이 또한 생명과학이 기계론적 질문과 역사학적 질문이 절묘하게 결합한 학문이라는 점을 잘 보여줍니다.

이런 독특함 때문에 생명과학에서는 끊임없이 논란이 일어납니다. 하지만 논란은 비판과 토론이 허용되는 열린 사회를 증명하는 징표이지, 생명과학을 전혀 손상하지 않습니다. 오히려 과학의 발전을 억제하는 맹목적 믿음을 경계해야 합니다. 그동안 생명과학의 발전은 여러 논란 속에서 현상을 훨씬 잘 설명하고 반박을 잘 견디는 개념과 지식이 정립되어 가면서 이루어졌습니다. 생명과학이 다소 부산해 보이지만 매력적인 학문인 이유입니다.

과학과 인문학 소양의 균형을 위하여

생물학은 크게 두 전통에 뿌리를 두고 발전해 왔습니다. 하나는 고대 그리스의 히포크라테스Hippocrates 와 로마의 갈레노스Galenos , 두 의사의 이론에 바탕을 두고 있는 의학의 전통입니다. 다른 하나는 고대 그리스 아리스토텔레스Aristoteles 의 이론을 근간으로 하는 자연사의 전통이지요. 르네상스를 지나오며 두 전통은 식물학을 통해 연결되긴 했으나 서로 다른 길을 걸었습니다. 의학의 생물학적 영역은 해부학과 생리학으로, 자연사의 생물학적 영역은 식물학과 동물학으로 자리를 잡았죠. 19세기 이후 생물학이라는 용어가 정식으로 등장하면서 비약적으로 발전했고, 별도의 명칭을 가진 매우 다양한 전문 영역이 생겨났습니다. 현대 생명과학이 등장하기까지의 경로가 단순하지는 않았다는 말입니다.

이 책에서 소개하는 열 가지 주제는 의학적 전통에서 발전한 생명과학 분야에 초점을 맞춘 것입니다. 이는 의학적 전통이 더 중요해서라기보다 저의 지식이 광범위한 생물학 전체를 다 아우를 만큼 폭넓진 못하기 때문입니다. 다만 또 다른 시작을 여는 발판으로 생각해 주시면 고맙겠습니다. 앞으로 생물학의 세부 영역에서 역사가 묻고 과학이 답하는 작업이 더 활발히 일어나고 새로운 좋은 책이 많이 소개되기를 기대해 봅니다.

생명과학이나 의학 분야로 진로를 선택하려는 중고등학생이나 생명과학에 관심이 많은 일반 독자에게 이 책을 읽어보기를 권하고 싶습니다. 저는 수업시간에 "교육은 사실을 배우는 것이 아니라 생각하는 훈련을 하는 것"이라는 아인슈타인의 말을 자주 인용합니다. 생각하는 힘의 핵심은 이질적인 아이디어를 색다르게 결합하는 능력이 아닐까 싶어요. 그렇기에 대전환의 시대를 맞이하고 있는 지금, 과학적 소양과 인문학적 소양을 균형 있게 쌓는 노력은 무엇보다도 중요합니다.

저명한 학술지 《랜싯 Lancet 》의 편집장 리처드 호턴 Richard Horton 은 "우리는 끊임없이 새로움을 강조한다. 가장 최근의 발견을 열심히 알릴 뿐, 축적된 지식의 바탕이 된 개념에는 거의 관심을 기울이지 않는다. 우리 시대는 순간적이고 즉각적인 사실의 시대이며 그야말로 전통은 해체되고 과거와의 대화에 관한 필요성을 거의 인식하지 못하고 있다."라며 최근 풍토를 비판한 바 있습니다.[7] 이 책이 이런 풍토를 조금이나마 치유할 수 있는 소중한 선물이 되었으면 합니다.

차 례

8. 입과 몸이 좋아하는 맛은 왜 다를까? : 소화

9. 노화를 막거나 되돌릴 수 있을까? : 노화

10. 생명의 비밀을 어디서 찾을 수 있을까? : 실험

1

아기를
디자인할 수도 있을까?

: 출산

임신은 여성의
몫이기만 할까?

맨 먼저 다소 엉뚱한 질문을 하나 던져보려고 합니다. 자연은 왜 여성만 출산할 수 있도록 선택했을까요? 남성의 출산은 불가능한 일일까요? 예전에 한국계 미국인 토머스 비티Thomas Beatie 는 '세계 최초로 임신한 남자'로 유명해진 적이 있습니다. 비티는 2008년 첫딸을 출산한데 이어 2009년과 2010년 연달아 아들을 낳았습니다. 어떻게 이런 일이 가능했을까요?

물론 남성이 임신하는 것은 생물학적으로 불가능합니다. 그렇다면 비티는 어떻게 임신과 출산을 할 수 있었을까요? 비티는 원래 남자가 아니었습니다. 트레이시 래건디노Tracy Lagondino 라는 여자로 태어났지만 2002년 성전환 수술을 했던 것입니다. 그런데 수술을 받을 때 생식기는 그대로 남겨 두었죠. 이후 비티는 낸시 로버츠Nancy Roberts 를 만나 결혼을 했습니다. 둘은 아이를 가지고 싶었지만 로버츠는 자궁적출수술을 받아 임신할 수가 없었습니다. 그래서 생식기가 그대로 남아있던 비티가 시험관 아기 시술을 통해 임신을 한 거지요.

하지만 자연계 전체를 살펴보면 출산을 여성의 몫으로만 돌리기

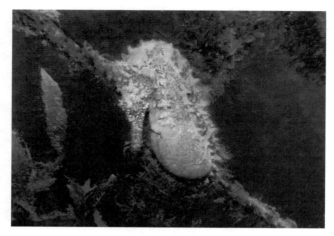

1-1 임신한 수컷 해마의 모습

　는 힘듭니다. 수컷이 임신하는 해마가 있기 때문입니다. 암컷이 수컷의 육아낭에 수백 개의 알을 낳으면 수컷은 여기에 정자를 분출하여 수정시키고 새끼 해마를 낳습니다.그림 1-1 임신한 수컷 해마에서 일어나는 유전자 발현 변화를 분석해 보았더니 놀랍게도 포유류 암컷처럼 배 속에서 새끼를 키우고 낳는 데 필요한 유전자가 수컷 해마에게서 작동하고 있었습니다.[1] 출산은 도대체 어떤 이유로 종 대부분에서 여성의 몫이 되었는지 궁금해지는 대목입니다.

　　임신과 출산이라는 선행조건 때문에 수유까지 여성의 몫이 된 걸까요? 사실 그렇게 말하기는 어렵습니다. 비둘기의 경우 수컷과 암컷 모두 모이주머니로부터 소낭유crop milk 를 분비합니다.[2] 많은 포유류 암컷은 임신하지 않고도 유두의 지속적인 기계적 자극만으로도 젖을 생산할 수 있습니다. 더군다나 숫염소와 같은 일부 포유류 수컷은 특별한 처리를 하지 않더라도 젖이 나오기도 합니다. 제2차 세계대전의 강제 수용소에서 풀려난 남자 포로들 중 몇몇은 유방이 발달하고 젖이 나왔다는 사례가 보고된 바도 있습니다.

게다가 일부 포유류 종은 수컷 또한 수유에 적합한 해부학적 구조와 생리학적 잠재력을 가지고 있습니다.[3] 말레이시아와 인근 섬에 서식하는 다야크과일박쥐 Dayak fruit bat 는 자연적으로 젖이 분비되는 수컷 야생동물의 사례입니다. 이러한 사실로 남성이 아이에게 젖을 주도록 진화하는 게 어렵지 않았다고 추측할 수 있습니다. 그러나 자연선택은 정상적인 상태에서 수컷이 그와 같은 생리학적 잠재력을 활용하지 못하도록 했습니다. 그렇다면 그 이유가 과연 무엇인지 궁금해집니다.

축복과 위험의 갈림길

출산은 힘든 일입니다. 출산 과정 자체도 위험하지만, 산모는 임신 기간 내내 힘듭니다. 태아를 대하는 산모의 헌신적인 모습은 그 자체로 감동적입니다. 우선 월경혈에 배아가 휩쓸려 내려가지 않도록 생리가 중단됩니다. 임신 초기에는 입덧이라는 메스꺼움과 구토 증상이 흔하게 나타납니다.[4] 입덧은 산모와 태아에게 위험이 될 만한 음식이 입 안으로 들어가지 못하도록 막는 역할을 합니다. 하루 종일 신경이 곤두서는 것은 물론 모든 것을 태아에게 맞추게 되지요.

산모는 태아에게 영양분과 산소를 충분히 공급해야 하고 노폐물은 계속 없애줘야 합니다. 따라서 산모의 호흡, 심혈관, 신장, 대사, 내분비 기능은 상당한 변화를 겪을 수밖에 없습니다. 임신 기간 동안 일어나는 에스트로겐, 프로게스테론, 태반유선자극호르몬Human Placental Lactogen, hPL 등의 호르몬 변화는 산모의 몸을 눈에 띄게 바꾸어 놓습니다. 이를테면 원활한 산소 공급을 위한 호흡 과다, 동맥피 속의 이산화탄소 분압 감소, 혈액 부피와 심장 박출량의 증가, 효과적인 노폐물 제거를 위한 신장혈류량과 사구체여과율의 증가가 일어나지요.

산모의 대사는 태아의 영양 요구에 따라 여러 방식으로 반응합니다. 산모의 체중 증가는 주로 지방 축적의 결과로 임신 전반부에 일어납니다. 이러한 반응은 프로게스테론 등의 영향으로 식욕이 증가하고 포도당이 지방으로 전환함으로써 나타납니다. 이렇게 확보한 지방은 태아의 대사 요구가 정점에 도달하거나 기아 상태에 놓일 때 에너지의 원천으로 사용되지요. 부갑상선 호르몬은 임신 첫 석 달 동안 증가하여 태아가 칼슘을 필요로 할 때 산모의 뼈로부터 칼슘을 빼내 갑니다.

임신 후반부에는 산모에게 인슐린 저항성이 나타납니다. 이로 인해 산모의 포도당 이용은 줄어들고 태아의 포도당 이용은 증가할 수 있지요. 그래서 자칫하면 임신성 당뇨가 생기게 됩니다. 임신이 진행될수록 태아의 무게가 늘면서 산모의 무게 중심이 앞으로 이동됨에 따라 산모는 걸어 다니기조차 힘들어집니다. 따라서 상체를 뒤로 젖힌 상태로 걷게 되는데 그러면 요추에 무리를 주게 되고요. 이에 대한 적응으로 여성과 남성은 척추의 구조와 유연성 면에서 차이를 보이게 되었습니다.[5]

이러한 산모의 변화를 보면 어떤 생각이 드나요? 태아와 엄마를 아름다운 협력적 관계라고 말하기엔 힘들어 보입니다.[6] 엄마의 노고는 여기서 끝나지 않지요. 면역학적 문제가 남아 있기 때문입니다. 태아는 엄마와 아빠로부터 각각 절반씩 유전자를 물려받았으므로 절반은 산모와 이질적일 수밖에 없습니다. 따라서 산모의 몸은 임신 기간 동안 태아에 대한 면역 거부 반응을 억제해야 합니다.[7]

구스타프 클림트Gustav Klimt 는 〈희망 I〉이라는 그림에서 벌거벗은 채 옆으로 서서 당당하게 정면을 바라보는 붉은 머리의 임산부를 그려 냈습니다.화보 1 새로운 생명의 탄생은 희망찬 일이지만 산모의 머리 뒤에 있는 죽음의 형상과 불길한 분위기가 희망과는 상당한 대비를 이룹니다. 그러나 여인은 배 위에 깍지를 낀 손을 올린 채 정면으로 고개를 돌리고 있어 죽음의 기운을 깨닫지 못하고 있는 듯합니다. 임신과 출산의 축복과 위험이 교차하는 순간입니다.

사람의 출산은 어쩌다
위험한 일이 되었나?

저는 TV 드라마를 거의 보지 않지만 사극은 종종 챙겨보곤 합니다. 몇 줄 안 되는 역사 기록을 토대로 등장인물의 대화를 재구성하고 이야기를 끌고 나가는 상상력이 너무나 흥미진진하기 때문입니다. 흔히 사극의 재미를 더하는 소재는 후사를 둘러싼 권력투쟁과 궁중 암투입니다. 훗날 경종이 되는 왕자 이윤을 낳은 장희빈과 후사를 잇지 못하는 숙종의 계비 인현왕후를 둘러싼 이야기는 너무나도 유명합니다. 이를 다룬 사극 드라마는 지금까지 시청률 보증수표나 다름없었지요.

　　권력투쟁을 떠나 임신과 출산은 두말할 나위 없이 축복입니다. 한편으로는 가슴 시린 일이기도 하고요. 새로운 생명의 탄생을 위해 엄마라는 존재가 기꺼이 고통과 위험을 감수하기 때문이지요. 실제 조선 시대 왕비들도 출산의 위험을 피하지 못했습니다. 최근 연구결과에 따르면 조선 시대 왕비 46명 중 4명인 문종의 왕비 현덕왕후, 예종의 왕비 장순왕후, 중종의 제1계비 장경왕후, 인조의 왕비 인열왕후는 출산 후 일주일 내에 세상을 떠났습니다.[8] 후궁의 경우 175명 중 7명이 출산과 관련하여 죽음을 맞이했습니다.

당대 최고의 의료혜택을 누렸던 왕비와 후궁의 5퍼센트가 출산으로 인해 삶을 마감한 것입니다. 오늘날 우리나라의 모성사망비(신생아 10만 명당 산모의 사망자 수)가 10 정도 되는 것을 감안한다면 무척 높은 수치입니다.[9] 사실 1960년대 우리나라의 모성사망비는 200 정도나 되었습니다. 우리나라 의학 수준이 얼마나 빠르게 발전했는지, 의료진이 얼마나 많이 노력하고 헌신했는지 실감할 수 있는 대목입니다.

출산의 위험은 2002년 경기도 파주시 파평 윤씨 묘역에서 발견된 400여 년 된 미라에서도 엿볼 수 있습니다.[10] 놀랍게도 미라의 몸속에 태아가 들어 있었죠. 부검과 영상 자료 분석 결과 자궁경부가 완전히 열리고 태아가 몸 밖으로 나오는 분만 2기 단계에서 산모의 자궁이 파열되었고, 이로 인한 과다 출혈 때문에 산모와 태아 모두 사망에 이른 것으로 추정되었습니다. 조금만 더 버텼더라면 아마 태아가 태어날 수 있었을 것입니다. 특히 요즘이라면 큰 문제가 아니었을 거란 점에서 더 안타까움을 자아냈습니다.

그리스 신화에 출산의 여신 에일레이티이아가 있는 것만 봐도, 출산의 어려움은 꽤 오래된 이야기인 듯합니다. 불교 설화에서도 숫도다나 왕의 왕비 마야데비가 출산을 위해 친정인 데바다하로 가던 중 룸비니 동산에서 갑자기 산기를 느껴 싯다르타를 낳았다고 전해지고 있죠. 그런데 놀라운 사실은 마야데비가 오른쪽 옆구리로 싯다르타를 낳았다는 것입니다. 하지만 안타깝게도 마야데비는 싯다르타가 태어난 지 7일 만에 세상을 떠나고 맙니다. 이를 두고 일부 학자는 싯다르타가 제왕절개를 통해 태어났을 거라고 해석하기도 하지요.[11]

그리스 신화에 나오는 의술의 신 아스클레피오스도 같은 맥락에서 제왕절개를 통해 태어났다고 볼 수 있습니다. 아스클레피오스는 아폴론과 코로니스 사이에서 태어난 아들입니다. 코로니스가 아스클레피오스를 임신했을 때 그녀의 아버지는 사촌인 이스키스를 남편으로 정합니다. 아폴론의 첩자인 까마귀가 이 결혼 소식을 아폴론에게 전하자 아폴론은 크게 분노하여 아르테미스에게 이스키스와 코로니스를 모두 죽이도록 했습니다. 뒤늦게 코로니스가 임신한 사실을 알아챈 아폴론은 코로니스의 뱃속에서 아스클레피오스를 살려냈습니다. 제왕절개를 비유한다고 볼 수 있는 대목이지요.

제왕절개는 신화나 설화의 은유로서가 아니라, 실제 오래전부터 죽은 산모의 몸에서 아이를 살리기 위해 사용된 시술로 추정됩니다.[12] 산모가 사망해서 아이를 구해야 하는 경우 로마법에서도 제왕절개를 허용했습니다. 심지어 2세기 초 산부인과학의 창시자 소라누스Soranus of Ephesus가 발표한 산과학 저서에서는 갈고리로 죽은 태아를 적출하는 방법을 찾아볼 수도 있습니다.[13] 이런 기록은 녹록지 않은 출산의 위험과 동시에 옛날부터 비정상적인 출산 과정에 대응하는 방법을 강구해 왔음을 알려줍니다.

직립보행을 위한 과감한 전략

다른 동물들에 비해 사람의 출산은 유달리 어렵습니다. 사람의 출산은 왜 그렇게 어려운 걸까요? 그 대답은 바로 진화에서 찾을 수 있습니다. 40억여 년 전 지구에 처음 나타난 원시 생명체는 계속 진화를 거쳐왔지요.[14] 5억여 년 전 출현한 척추동물은 1억여 년이 지난 다음 육지에 살기 시작하면서 놀라운 변화를 일으켰습니다. 몸 밖이 아니라 몸 안에서 생식세포가 만나는 체내 수정 방식을 터득한 거지요. 더욱이 몸 밖에서 발생이 일어나는 난생에서 한 걸음 더 나아가 발생까지도 몸 안에서 일어나는 태생 방식으로 번식을 하게 되었습니다.

그렇다면 태생은 어떤 장점이 있을까요? 난생의 경우 수정란이 부화될 때까지 일정한 환경조건을 유지해야 하는 어려움이 있습니다. 반면 태생 방식은 환경조건의 변화가 거의 없는 몸속에서 생존 가능한 상태까지 태아를 키운 뒤 세상 밖으로 내보낼 수 있다는 것이 큰 장점입니다.[15] 오늘날 오리너구리와 같은 단공류를 제외한 거의 모든 포유류는 태생 방식으로 번식합니다. 그만큼 태생은 포유류에게 유용한 번식 전략인 셈입니다. 다만 포유류 중 사람의 태생은 유독 어렵습니다.

사람의 출산은 왜 유난히 까다로울까요? 400만여 년 전에 등장한 초기 인류인 오스트랄로피테쿠스 아나멘시스와 아파렌시스는 직립보행을 했지만 뇌 용량이 450cc로 침팬지와 크게 다르지 않았습니다. 그림 1-2 하지만 이후 뇌 용량이 점점 커져 20만~30만 년 전 등장한 현생인류 때에는 1,300cc에 이르게 되었습니다. 그림 1-3 늘어난 뇌 용량만큼 머리 크기도 커져서 태아가 엄마의 산도birth canal를 쉽게 빠져나올 수 없게 된 것입니다.[16]

더욱이 직립보행은 두 손을 자유롭게 사용하고 더 멀리 다니면서 식량을 쉽게 얻을 수 있도록 했지만, 순조로운 출산을 더더욱 어렵게 만들었습니다. 직립보행에 대한 대가로 골반이 좁아지면서 산도도 좁아지

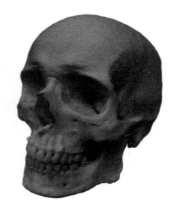

◀1-2 오스트랄로피테쿠스 아파렌시스의 두개골
▶1-3 현생인류의 두개골

게 되었기 때문입니다. 사람 태아의 머리는 앞뒤 길이가 약 124밀리미터이고 좌우가 약 99밀리미터인데, 산도는 약 113밀리미터와 122밀리미터이지요.[17] 셔우드 워시번 Sherwood Washburn 이 말했듯 '출산의 딜레마 obstetrical dilemma ' 상황이 생기게 된 겁니다.[18] 그래서 태아는 머리를 두 번이나 회전해 가면서 힘들게 세상으로 나올 수밖에 없습니다.

　더군다나 기원전 1만 년경 농업혁명 또는 신석기혁명으로 곡물을 재배하고 가축을 사육하면서 출산율이 점점 올라가는데요. 농사지은 곡식으로 이유식을 만들게 되면서 수유 기간이 줄어든 덕분입니다. 또한 수렵채집 생활에서 벗어나 농경 중심의 정주 생활을 하면서 공동 육아가 가능해지고 임신 터울이 짧아졌습니다. 출산의 딜레마를 직면한 상황에서 오히려 출산은 늘어나게 된 거지요.

　이러한 상황 속에서 인류가 여전히 건재할 수 있었던 것은 어떤

식으로든지 적응하는 데 성공했기 때문입니다. 직립보행을 포기하지 않으며 큰 뇌와 좁은 산도에 적응하기 위해 인류는 상당히 과감한 전략을 내놓았습니다. 뇌가 덜 발달된 상태에서 아기가 태어나도록 진화한 것입니다.

어째서 긴 임신 기간 동안 태아의 뇌가 제대로 발달하지 못하는 걸까요? 사람의 성장과 발달 속도를 놓고 살펴볼까요? 사람의 뼈는 다른 영장류에 비해 훨씬 나중에 굳어지며, 사람의 유년기는 매우 긴 편입니다. 특히 사람의 뇌는 훨씬 오랜 기간에 걸쳐 천천히 성장합니다. 출생 시 뇌의 무게 대비 성인 뇌의 무게 비율을 비교해 보면 고릴라나 침팬지는 40퍼센트가 넘지만, 사람의 경우는 25퍼센트가 채 되지 않습니다. 하지만 사람(266일)의 임신 기간은 고릴라(257일)나 침팬지(237일)와 크게 다르지 않습니다.

만약 다른 영장류처럼 뇌가 어느 정도 발달한 후 태어나려면 사람의 임신 기간은 21개월로 늘어야 합니다. 하지만 임신 기간이 길어진다면 아기가 도저히 산도를 빠져나올 수 없게 됩니다. 그렇다고 해서 너무 빨리 아기를 낳으면 태아의 생존력에 심각한 문제가 생길 수 있습니다. 이렇듯 뇌 용량은 커지는데 직립보행까지 하게 되면서 출산은 매우 힘들고 어려운 일이 된 것입니다.[19] 또한 아기는 미성숙한 상태에서 태어나기 때문에 오랜 시간 동안 전적으로 부모의 보살핌을 받을 수밖에 없게 되었고요.

출산 통제는 자연의 섭리를
거스르는 일일까?

우리는 흔히 예비부부나 신혼부부에게 2세 계획을 묻곤 합니다.[20] 의료 기술의 발달로 오늘날 사람들은 출산의 위험을 거의 통제할 수 있게 되었죠. 더군다나 출산을 계획할 수도 있습니다. 생식에 관한 생물학 지식과 피임 기술에 힘입어 아이를 낳는 시기를 의도적으로 선택할 수 있게 된 거지요.

우리는 아이가 태어나는 과정에 의도적으로 개입하는 것을 어느 정도까지 받아들일 수 있을까요? 1997년 개봉한 〈가타카GATTACA 〉는 미래의 유전자 계급사회를 다룬 영화입니다. 이 영화는 우월한 유전자를 인위적으로 선택할 수 있는 맞춤아기 또는 디자이너 베이비designer baby의 시대를 잘 보여주고 있습니다. 실제 이러한 일이 가능하다면 과연 어디까지 허용해야 할까요?

시험관아기의 탄생

마치 영화 속에서만 일어날 법한 일이 하나씩 현실로 이루어지기 시작했습니다. 1978년 7월 25일 로버트 에드워즈Robert Edwards 와 패트릭 스텝토Patrick Steptoe 의 체외수정 시술에 힘입어 영국에서 세계 최초로 시험관아기 루이스 브라운Louise Brown 이 태어난 것입니다. 건강하게 자란 루이스는 2004년 결혼해서 2006년 자연분만으로 무사히 첫째 아들을 낳았습니다. 한국에서는 1985년 처음 태어난 시험관아기가 2019년 자연분만으로 건강한 딸을 낳았습니다.[21] 가톨릭교회는 체외수정 기술이 자연의 섭리를 거스른다는 이유로 강력하게 비판했지만 로버트 에드워즈는 2010년 결국 노벨 생리의학상을 수상했습니다.[22]

임신과 출산에 대한 생물학적 지식이 쌓이고 기술이 발전하면서 생식과정에 개입하는 보조생식기술 또한 큰 발전을 이루었습니다. 체외수정 시술로 인해 정자와 난자는 난관의 팽대부ampulla 가 아니라 실험실 공간의 배양접시에서 만날 수 있게 되었습니다. 또한 호르몬 요법은 건강한 배아를 자궁벽에 원활히 착상시켜 임신할 수 있도록 도와주지요. 생명의 탄생이라는 신비를 단순히 파헤치는 데에 그치지 않고, 드디어 임신을 과학과 기술로도 통제할 수 있게 된 것입니다.

《구약성경》을 보면 아브라함의 아들 이삭과 결혼한 리브가가 불임으로 고통받는 이야기가 나옵니다. 19세기까지만 해도 부부에게 아이가 없으면 대부분 여성의 잘못으로 여겼습니다. 그러나 현미경 기술이 발전하고 생물학 지식이 쌓이면서 남자의 문제로 불임이 될 수도 있다는 사실이 밝혀지게 되었습니다. 또한 보조생식기술의 발전으로 대부분의 불임이 해결 가능해졌습니다. 오히려 이제는 불임이 질병처럼 취급되며, 불임 여성을 돕는 치료가 널리 퍼져 있습니다.

시험관아기의 탄생 이후 전통적 관념을 뒤흔드는 일이 1986년에 일어났습니다. 멜리사 Melissa 라는 아기의 이름을 딴 '베이비 M' 사건입니다.[23] 메리 베스 화이트헤드 Mary Beth Whitehead 는 윌리엄 스턴 William Stern 과 엘리자베스 스턴 Elizabeth Stern 부부를 위해 아기를 임신하는 데 동의했습니다. 엘리자베스는 다발성경화증을 앓고 있어서 안전한 출산을 장담할 수 없었으므로 1만 달러의 대가를 부담하고 대리모를 구한 것입니다. 또한 잠재적인 유전적 위험을 피하기 위해 윌리엄 스턴의 정자를 화이트헤드의 자궁강 안으로 주입했습니다. 즉 멜리사의 생물학적 친엄마는 화이트헤드였던 거지요.

그런데 화이트헤드는 출산 후 마음이 바뀌어 아기를 포기하지 않겠다고 법정 투쟁까지 벌였습니다. 뉴저지주의 대법원은 대리모 계약이 무효라고 판결했지만 멜리사에게 이롭다는 이유로 양육권을 윌리엄 스턴에게 주었습니다. 화이트헤드는 멜리사의 생물학적 엄마로서 방문권을 가지게 되었지요. 멜리사는 열여덟 살 되던 해에 엘리자베스에게 입양되는 것을 스스로 선택해서 화이트헤드와의 유대관계가 끊어졌습니다. 하지만 이 사건은 출산을 둘러싼 법적, 도덕적 논쟁을 일으켰고 지금도 그 논쟁은 지속되고 있습니다.

맞춤아기로 또 다른 생명을 살린다면?

착상 전 유전진단 preimplantation genetic diagnosis 기술의 등장으로 특정 유전자형을 가진 아기를 선택하는 것도 가능해졌습니다.[24] 체외수정으로 형성된 배아를 자궁에 이식하기 전, 염색체의 수나 구조적 이상 또는 유전자의 돌연변이를 검사한 뒤 정상적인 배아를 선택할 수 있게 된 거지요.[25] 따라서 유전병을 가진 아기가 태어나는 것을 원천적으로 막을 수 있게 되었습니다. 이로 인해 유전병을 가진 부모가 겪을 엄청난 정신적 고통과 사회적 손실 비용을 줄일 수 있게 되었고요.

하지만 착상 전 유전진단은 새로운 윤리적 문제를 불러일으켰습니다. 2000년 8월 29일 미국에서 아담 내시Adam Nash 가 태어났습니다.[26] 아담의 누나 몰리 내시Molly Nash 는 당시 여섯 살로 선천성 골수결핍증인 판코니 빈혈을 앓고 있었습니다. 골수이식을 받지 않으면 열 살을 넘기기 어려운 상황이었지만 아담의 제대혈을 몰리에게 이식한 덕분에 몰리의 목숨을 구할 수 있었습니다. 문제는 아담이 누나를 살리고자 착상 전 유전진단을 거쳐 선택된 아이였다는 점입니다. 아담은 조직형이 동일하여 이식이 가능하면서 유전질환이 없는 배아로 선택되어 태어난 거지요.

이로 인해 아담은 맞춤아기 또는 디자이너 베이비, 구세주 형제, 예비부품 형제 등으로 불리면서 인간의 존엄성에 대한 논란을 일으켰습니다.[27] 맞춤아기 실화를 바탕으로 쓴 조디 피콜트Jodi Picoult 의 장편소설《쌍둥이 별My sister's keeper》과 이 소설을 각색하여 영화화한 닉 카사베츠Nick Cassavetes 감독의 〈마이 시스터즈 키퍼〉는 맞춤아기에 대한 사회적 관심과 논쟁의 반증이기도 합니다.

2002년 영국에서도 이와 비슷한 사례로 논란이 일어났습니다. 희귀빈혈증을 앓던 네 살 남자아이 찰리 휘태커Charlie Whitaker 의 부모가 의료윤리감독기구인 인간수정배아관리국HFEA 에 아이의 치료를 위한 맞춤아기 출산을 요청했기 때문입니다. 영국 정부가 이를 허가하지 않자, 휘태커 부부는 미국으로 건너가서 착상 전 유전진단으로 조직형 일치 여부를 판별하여 여동생을 출산했고 골수이식을 통해 찰리의 병을 치료할 수 있었습니다.

사실 착상 전 유전진단으로 배아를 선택한다고 해서 유전자의 염기서열을 마음대로 바꿀 수는 없습니다. 다만 특정 유전자형을 지닌 배아를 인위적으로 선택하는 것입니다. 그렇더라도 태어날 아기를 선별할 수 있다는 사실에 많은 사람이 불편함을 느끼는 듯합니다. 착상 전 유전진단으로 태어날 아이의 성별이나 혈액형을 미리 정하는 것도 가능하니 말입니다.

크리스퍼 아기가 던진 윤리적 질문들

2015년 말 과학저널 《사이언스Science》는 올해의 혁신적인 기술로 '크리스퍼/캐스9 CRIPSR-Cas9'이라 불리는 유전체 편집기술을 꼽았습니다.[28] 이 크리스퍼 기술로 살아 있는 세포의 염색체에서 유전자의 염기서열을 매우 정교하게 조작할 수 있게 되었죠. 크리스퍼 기술을 개발하는 데 크게 공헌한 제니퍼 다우드나Jennifer Doudna 와 에마뉘엘 샤르팡티에 Emmanuelle Charpentier 는 2020년 노벨 화학상을 수상합니다. 하지만 이 기술이 보조생식기술과 쉽게 결합될 수 있다는 점에서 맞춤아기에 대한 우려와 디스토피아적 미래에 대한 논란이 불붙었지요.

2015년 4월 중국 연구자들이 크리스퍼 기술을 사람 배아에 적용한 연구 결과를 발표하면서 상황은 또 다른 국면을 맞았습니다.[29] 이러한 연구는 배아를 착상시키는 데까지 진행되지는 않았지만 엄청난 논란을 일으키기에 충분했습니다. 착상만 시키면 바로 유전자가 조작된 아기가 태어날 수 있음을 의미했기 때문입니다. 이제는 단순히 배아를 선택하는 데서 그치지 않고, 유전자를 인위적으로 변형한 맞춤아기의 탄생이 현실화된 것입니다.

일부 과학자들이 윤리적 문제와 기술의 미숙함을 이유로 사람의 생식세포에 크리스퍼 기술을 적용하는 연구를 전면 중단해야 한다고 주장하는 사태가 벌어졌습니다.[30] 1975년 미국 캘리포니아주의 아실로마에서 유전자 조작 연구의 잠재적 위험을 논의하기 위해 '재조합 DNA 분자에 관한 국제회의'가 열리고, 40년이 흐른 뒤 또 다른 국면을 맞이하게 된 것입니다.[31] 여러 논쟁을 떠나 기술이 충분히 안전하다고 인정될 때까지 유전자를 변형한 아기가 태어나는 일이 없어야 한다는 데는 거의 모든 과학자가 동의했습니다.

그럼에도 불구하고 2018년 11월 세계를 경악하게 만든 사건이 일어났습니다. 중국 남방과기대 허젠쿠이賀建奎 교수의 무책임한 시도가 《MIT 테크놀로지 리뷰MIT Technology Review》에 발표된 거지요. 크리스퍼 기술로 'CCR5'라는 유전자를 변형시킨 아이가 태어나고야 말았습니다.[32] CCR5는 에이즈AIDS를 일으키는 인간면역결핍바이러스HIV가 감염되는 통로로 알려진 유전자였습니다. 허젠쿠이는 에이즈에 걸린 부부가 이 병에 걸리지 않는 아기를 낳게 돕는다는 명분을 내세웠습니다. 중국에서 에이즈 환자의 수가 빠르게 증가하고 있다는 점과 사회문화적으로 에이즈 환자를 낙인찍는 문화가 만연해 있다는 점도 또 다른 명분으로 작용했습니다.

하지만 정자 세척이나 시험관 시술 같은 다른 방법으로 에이즈를 막을 수 있었으므로 반드시 필요한 시술은 아니었습니다. 크리스퍼 기술 연구자 데이비드 리우David Liu 는 허젠쿠이가 어떤 의학적 효과를 목표로 그런 시도를 했는지 강하게 의문을 제기했습니다. 1975년 노벨 생리의학상을 수상한 데이비드 볼티모어David Baltimore 또한 무책임하고 은밀할 뿐만 아니라 의학적으로 필요하지 않은 시도였다며 강력하게 비난했습니다.[33]

더군다나 크리스퍼 기술은 불완전하여 의도치 않은 유전자 변형까지 일으켰습니다. 아기에게 일어난 유전자 변형이 앞으로 인생 전반에 어떠한 악영향을 미칠지 아무도 모르는 끔찍한 일이 벌어지고 만 거죠. 사실상 날림이나 다름없이 크리스퍼 아기가 탄생한 것입니다. 과학 전문 저널리스트 케빈 데이비스Kevin Davies 는 《유전자 임팩트Editing Humanity 》에서 이 일을 '더럽혀진 잉태'라 칭하며 강하게 비판합니다.

유전자의 기능이나 역할에 대해 우리가 이해하고 있는 것이 너무나 부족하고, 아직까지 유전자는 사람의 특성이나 표현형을 아주 제한된 범위 안에서만 설명할 수 있다는 점에서 크리스퍼 기술로 유전자 변형 아기를 탄생시킨다는 생각은 너무나도 위험합니다. 특히 치료를 위해서가 아니라 얼마든지 다른 대안을 찾을 수 있는 인체의 물리적·정신적 기능 향상을 목표로 한다면 더욱 조심스럽게 접근해야 할 것입니다.

2

우월한 유전자란
존재할까?

: 유전

이중나선이 '자연의 사다리'를 연상시킨 배경은?

DNA의 이중나선 구조모형은 발표된 직후부터 과학계를 넘어 예술과 문화 전반에 커다란 파장을 일으켰습니다. 왓슨과 크릭은 DNA의 3차 구조를 밝힌 연구 결과를 1953년 4월 2일 저명학술지《네이처 Nature 》에 투고했지요. 이 논문은 23일 뒤인 4월 25일 게재되었습니다.[1] 이 논문에 소개된 DNA 이중나선 구조의 스케치는 크릭의 아내이자 예술가인 오딜 크릭 Odile Crick 이 그린 것으로 잘 알려져 있습니다.

오딜 크릭은 DNA 구조를 극사실적으로 표현하는 대신 구조적 특징을 포착해서 상징적으로 재현했습니다. 중앙에는 가상의 세로축을 그려넣어 조형적 아름다움과 기하학적 완벽함, 이미지에서 느껴지는 역동성을 극대화했지요. 그림 2-1 오딜 크릭이 그린 DNA 이중나선 구조 이미지는 유전학을 과학의 영역을 넘어 문화적 코드로 자리 잡도록 했습니다. DNA의 모형은 그 자체로 안정적이고 완벽한 구조일 뿐 아니라 예술적으로도 아름다운 구조라는 점도 한몫했겠지요. DNA 이중나선의 이미지는 과학, 예술, 음악, 영화, 건축, 홍보 등 사회의 모든 면에 각인되었습니다.

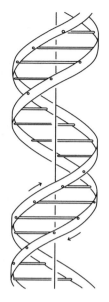

2-1 DNA 분자 구조를 밝힌 프랜시스 크릭의 아내 오딜 크릭이 그려내며
상징적 코드가 된 이중나선 구조 이미지

사실 과학의 역사에서 어떤 분자도 DNA 이중나선의 상징적 지위에 도달하지 못했다고 해도 지나친 말이 아닙니다. 미술사학자 마틴 켐프Martin Kemp 는 DNA 이중나선을 가리켜 '현대과학의 모나리자'에 비유한 바 있습니다.[2] 레오나르도 다빈치Leonardo da Vinci 가 1503년경에 완성한 〈모나리자Mona Lisa 〉처럼 원래의 맥락을 초월하여 우리의 시각적 의식 속으로 스며들었다는 말입니다. 모나리자와 DNA 이중나선 이미지는 모두 각각의 전문 영역을 넘어 일반 대중과 폭넓은 교감을 나누고 있습니다.

제임스 왓슨은《이중나선The Double Helix 》에서 "그날 나는 옥스퍼

2-2 13세기 선교사 라몬 룰이 《지능의 상승과 하강》에서 우주의 구조를 설명하며 그린
자연의 계단 혹은 존재의 대사슬 이미지

드 건물의 나선형 계단을 보면서 생물학적 구조도 틀림없이 이처럼 나선형의 대칭성을 가지고 있을 거라고 자신했다."라고 말한 바 있습니다.[3] DNA를 계단에 비유한 왓슨의 말은 아주 흥미롭습니다. 사실 서양 세계에서 계단이나 사다리는 하느님을 만나는 길, 구원에 이르는 길, 완전성을 향해 나아가는 과정 등을 가리키는 은유로 사용되곤 합니다.

대표적인 예로 〈창세기 28장〉에 나오는 '야곱의 사다리'를 들 수 있지요. 꿈속에서 야곱은 땅에서 하늘까지 이어진 사다리로 천사들이 오르락내리락하는 모습을 보면서 하느님의 계시를 듣게 됩니다.《구약성경》에서 하느님은 흔히 회오리바람과 함께 등장하는 점을 떠올린다면 나선형 사다리는 하느님 말씀의 은유적 표현이자 하느님과 사람을 연결해 주는 매개체인 셈입니다. 윌리엄 블레이크William Blake는 이 장면을 극적이면서도 아름답게 표현해냈습니다. 화보 2

　　나선형 계단을 닮은 DNA 이미지는 야곱의 사다리에 더해 서양 세계의 자연관을 지배해 왔던 '자연의 사다리Scala Naturae'도 떠오르게 합니다. 이 체계는 아리스토텔레스가 창안하여 신플라톤주의에서 구체화한 것으로, 세상의 모든 존재가 완벽함의 순서대로 사다리 위에 자리 잡는 '존재의 대사슬'을 이룹니다. 그림 2-2 맨 아래에는 생명이 없는 사물들이 있고 맨 위에 인간이 자리하며 이 자연의 위계는 변하지 않습니다. DNA 이중나선 구조의 이미지는 어쩐지 완전함을 향해 나아가는 자연의 사다리를 닮았습니다. 이런 점이 DNA를 이상화된 생명의 사다리로 각인되도록 만든 건 아닐까요?

20세기, 유전과 발생을 다시 쓰다

고대 그리스 시대 사람들은 신비주의적인 관점에서 벗어나 물질적 측면에서 유전과 발생 현상을 이해하기 시작했습니다. 유전과 발생에 대한 개념을 구체화하거나, 두 개념을 잘 구분한 것은 아니었지만 부모로부터 자식에게 무언가 전달되어 자녀가 태어난다고 생각한 것입니다. 고대 그리스의 철학자들은 여러 의견을 제시합니다. 우선 피타고라스Pythagoras의 견해에 따르면 남성의 정액은 몸속을 돌면서 모든 부위의 증기를 수집합니다. 이런 정액이 여성의 자궁 안에서 영양분을 받

아 태아로 자란다고 생각했습니다.[4]

아리스토텔레스의 생각은 피타고라스와 달랐습니다. 피타고라스의 이론 체계에서는 여성의 해부 구조를 설명할 길이 막막했습니다. 아빠에게서 딸의 생식기관을 전혀 찾을 수 없었기 때문이에요. 따라서 아리스토텔레스는 남성의 정액이 아이를 만드는 일종의 명령문으로 작용하고, 여성의 정액이 물질 원료를 제공한다고 생각했습니다.[5] 그 물질 원료는 생리혈로서, 남성 정액이 생리혈을 이용하여 태아를 만든다고 본 것입니다. 이는 생리혈이 사라지는 시기에 임신이 이루어진다는 경험적 지식과 매우 잘 맞아떨어졌지요.

한편 아낙사고라스Anaxagoras 는 몸을 구성하는 요소들이 매우 작은 형태로 정액에 들어 있고 이 정액이 자궁 속에서 태아로 발달한다고 생각했습니다. 그의 생각에 따르면 오른쪽 고환에서 만들어진 정액은 아들이, 왼쪽 고환에서 만들어진 정액은 딸이 된다고 하지요.[6] 반면 히포크라테스는 신체의 각 부위를 만들어내는 체액이 성기 부위에 모여 한꺼번에 방출되는 것을 정액이라고 생각했습니다. 여성에게도 이 정액과 유사한 체액이 존재합니다. 남성의 정액과 여성의 체액이 뒤섞여 부모로부터 자식에게 형질이 전달되고 두 액의 경쟁 결과에 따라 부모 중 어느 한쪽을 더 닮게 되고요.[7]

근대과학이 등장한 이후에도 형질이나 소인이 다음 세대로 유전되는 과정은 개체가 발생하는 과정과 뚜렷이 구분되지 않아서 많은 논쟁이 일어났습니다.[8] 맨 처음부터 정자나 난자에 축소형 인간이 미리 형성되어 있다고 보는 선재론, 장래 성체의 모습을 결정할 특정 구조를 미리 가지고 있다고 생각한 전성론, 형성되지 않은 물질에서 시작하여 발생 과정을 거치면서 점차 형태가 출현한다고 생각한 후성설 등 다양한 생각이 각축을 벌였지요. 이런 상황에서 유전이라는 개념은 설 자리가 없었습니다.

19세기 중반까지만 해도 유전 현상은 발생이라는 개념과 뚜렷이 구별되지 않은 상황에서 논의되었습니다. 유전을 뜻하는 영어 단어 'heredity'나 'inheritance'는 원래 상속이나 유산을 뜻하는 법률적 용어였지요. 생물학에서 말하는 유전은 일종의 은유적 표현으로 등장한 것입니다. 상속이나 유산은 친족 관계를 구별하고 재산을 분배하기 위한 것으로 정치적 권위와 문화적 전통을 정당화하는 도구로도 쓰였습니다. 그렇기 때문에 유전에 관련된 담론이 정치·문화적 주제와 연관되는 것은 이상한 일이 아닙니다.

유전질환을 사망자가 상속한 재산으로 비교한 흔적도 종종 발견됩니다. 1554년 장 페르넬Jean Fernel 은《의학Medicina 》에서 "질환은 아버지의 소유물이며 자식은 아버지의 뒤를 이어받으므로 질환 또한 상속된다."고 말했습니다. 하지만 흥미롭게도 부모와 자식이 닮은 것을 상속으로 보는 데에 회의적 시각도 꽤 많았습니다. 외모와 기질의 유사성은 산모의 생각이나 상상 같은 다른 이유로도 나타날 수 있다고 생각했기 때문이에요. 실제로 당시 친자 확인 소송에서 재판관은 유사성을 혈통의 지표로 삼는 것에 회의적이었습니다.

일찌감치 야생동식물의 가축화와 작물화에 성공했고, 1492년 콜럼버스가 아메리카 대륙에 상륙한 이후 동식물의 대규모 이주와 이식이 뒤따르면서, 환경과 유전을 분리해 생각할 수 있는 충분한 기반이 마련되었습니다. 하지만 놀랍게도 유전 현상에 대한 학문적 진전은 오랫동안 지체되었습니다. 우리가 경험적으로 알고 있는 사실이 과학의 기반 위에 올라서기는 쉽지 않은 탓이지요. 20세기에 접어들어서야 유전 현상은 발생 과정과 구분되고 실험적, 수학적으로 분명하게 정의될 수 있는 대상이 되면서 급속한 발전의 궤도에 들어섭니다.

유전 현상의 물질적 실체는
어떻게 찾아냈을까?

유전자의 구체적 실체는 닮음, 발생, 진화의 생물학적 원리를 밝히면서 드러났습니다. 1866년 그레고어 멘델Gregor Mendel의 유전법칙이 발견되면서 그 물꼬를 텄지요. 멘델은 눈에 쉽게 띄는 완두콩의 형질 차이에 주목하고, 완두콩 교배 연구를 진행하면서 그 자손의 형질 차이를 통계적 방식으로 수량화했습니다. 이 연구 결과를 1900년 휴고 드 브리스Hugo De Vries, 카를 코렌스Carl Correns, 에리히 체르마크Erlich von Tschermak가 재발견하며 유전의 물리적 실체가 본격적으로 주목받기 시작했습니다.

1933년 노벨 생리의학상을 수상한 토머스 헌트 모건Thomas Hunt Morgan은 초파리 실험으로 염색체chromosome가 유전 현상을 매개한다는 사실을 밝혀냈습니다. 염색체는 DNA와 단백질 등으로 이루어진 고분자 물질입니다. DNA는 네 종류의 염기(아데닌, 구아닌, 티민, 시토신)로 이루어진 비교적 간단한 고분자인 반면, 단백질은 스무 종류의 아미노산으로 구성된 고분자입니다. 그래서 당시 많은 과학자는 고도로 복잡한 유전 현상을 일으키기에 단백질이 더욱 적합하고 타당하다고 생각했습니다.

그러던 중 1944년, 미생물학과 생화학을 공부했던 미국의 내과 의사 오즈월드 에이버리Oswald Avery 는 단백질이 아니라 DNA가 유전자의 물질적 실체임을 실험으로 증명하는 데 성공했습니다.[9] 에이버리는 프레데릭 그리피스Frederick Griffith 등이 1928년에 수행했던 폐렴쌍구균 실험을 응용했습니다.[10] 이 실험으로 에이버리는 폐렴을 일으키는 감염성 박테리아의 DNA가 비감염성 박테리아를 감염성으로 전환할 수 있음을 증명했습니다. 이와 같은 형질전환은 DNA를 파괴시키면 일어나지 않는다는 사실도 확인했습니다. 하지만 단백질이 아닌 DNA가 유전물질임을 받아들이기에는 당시 단백질 연구에 대한 편애가 지나쳤지요.

DNA가 유전물질임을 확신하기에는 DNA에 대한 보편적인 인식 이외에도 여러 장애물이 있었습니다. 어떤 연구자는 형질전환 실험에서 DNA가 단백질로 오염되었을 거라고 주장하면서 단백질이 유전물질이라는 신념을 지키려고 했습니다. 그래서 믿을 만한 실험적 증거를 제시했는데도 불구하고, 에이버리는 "형질전환 원리의 화학적 본성에 관한 이 연구 결과가 검증된다면, 아직 화학적 기초는 규명되지 않았더라도 DNA가 생물학적 특성을 지닌 것으로 간주해야 한다."라고 신중한 태도를 취할 수밖에 없었습니다.

DNA는 단순한 고분자 물질이라는 주장이 주류인 상황에서, DNA가 형질을 전환하는 모종의 생물학적 특성을 지녔다고 생각하기란 어려웠지요. 1969년 노벨 생리의학상을 수상한 막스 델브뤼크Max Delbrück

는 DNA를 가리켜 '멍청한 분자'라고 부를 정도였습니다. 1946년 노벨 생리의학상을 수상한 허먼 조지프 멀러 Hermann Joseph Muller 도 DNA는 에너지를 제공하는 역할 정도만 수행한다고 생각했습니다. 게다가 DNA가 어떻게 유전물질로 작용할 수 있는지도 제대로 설명하지 못했습니다.

이는 주류 이론이나 패러다임에 갇히면 아무리 탄탄한 증거를 제시하더라도 그 증거를 보는 과학자의 눈이 가려질 수 있음을 잘 보여줍니다. DNA의 이중나선 구조를 밝혀 1962년 노벨 생리의학상을 수상한 제임스 왓슨은 《DNA: 생명의 비밀(개정판- DNA: 유전자 혁명 이야기) DNA: The Secret of Life 》에서 다음과 같이 말했습니다.[11]

> 노벨위원회는 수상이 이루어진 지 50년 뒤에 심사 기록을 공개하므로, 지금 우리는 스웨덴의 물리 화학자 에이나르 함마르스텐이 에이버리가 수상 후보가 되지 못하게 막았다는 것을 알게 되었습니다. 분자량이 가장 큰 DNA 시료를 분리해냄으로써 명성을 얻은 함마르스텐은 유전자가 아직 발견되지 않은 단백질일 거라고 믿고 있었습니다. 사실 이중나선이 발견된 뒤에도 함마르스텐은 DNA 형질전환의 메커니즘이 완전히 밝혀질 때까지 에이버리에게 노벨상을 주어서는 안 된다고 계속 주장했습니다. 에이버리는 1955년 사망했습니다. 그가 몇 년만 더 살았더라면 노벨상을 받았을 것이 거의 확실합니다.

에이버리의 발견 이후 유전자의 본성을 설명할 수 있는 단서가 모이기 시작했습니다. 예를 들면 1947년 DNA를 구성하는 네 종류의 염기 중 아데닌(A)과 티민(T), 구아닌(G)과 시토신(C)의 비율이 서로 똑같다는 것을 밝힌 에르빈 샤가프Erwin Chargaff 의 연구, 1948년 모든 체세포에서 DNA의 양은 똑같지만 생식세포에서만 절반이 적다고 설명한 앙드레 부아뱅André Boivin 의 연구, 1952년 단백질과 DNA의 방사선 표식 실험을 통해 T4 바이러스의 단백질이 아닌 DNA만 대장균 속으로 침투된다는 사실을 관찰한 앨프리드 데이 허시Alfred Day Hershey 의 연구 등을 들 수 있습니다.

이러한 기반 위에서 1953년 4월 25일 제임스 왓슨과 프랜시스 크릭이 DNA의 3차 구조를 풀어냄으로써 유전 현상의 기계적 원리를 설명할 수 있게 되었습니다. 이후 1959년 노벨 생리의학상 수상자 아서 콘버그Arthur Konberg 가 유전자 복제에 중요한 DNA 중합효소를 발견하고, 1968년 노벨 생리의학상 수상자 마셜 니렌버그Marshall Warren Nirenberg 가 유전자의 암호를 해독하는 데 성공하면서 DNA의 이중나선 구조가 유전물질의 기능을 결정한다는 것이 명확해졌습니다. 또한 유전 정보의 흐름에 대한 중심원리도 확립되었죠.[12]

유전 정보를 담은 암호 대본을 풀다

DNA의 3차 구조를 밝힌 연구 결과를 실은 첫 논문이 발표되고 6주가 지난 1953년 5월 30일, 왓슨과 크릭은 두 번째 논문을 다시 《네이처》에 발표했습니다.[13] DNA는 네 종류의 염기로만 구성되어 있지만, 염기

배열 방식에 따라 서로 다른 정보가 결정된다는 내용이었습니다. 다시 말해 염기 서열 자체가 유전 정보를 담은 암호라는 사실을 포착한 거지요. 《네이처》 논문에서 왓슨과 크릭은 "염기의 정확한 서열은 유전 정보를 전달하는 암호처럼 보인다."라는 말로 결론을 맺었습니다.

이전까지 생물학 논문에서 거의 등장하지 않았던 '암호'와 '정보'라는 은유적 표현은 새로운 관점과 개념적 틀을 제시하며, 생물학을 이해하는 방식을 크게 변화시켰습니다. 과학은 논리적이고 정량적 특성이 강해서 문학에서 흔히 활용되는 은유적 표현과는 거리가 멀 것 같지만 실상은 그렇지도 않습니다. 특히 생물학 분야에서는 더욱 은유적 표현을 활용하지요. 이를테면 코로나바이러스 때문에 잘 알려진 'mRNA'라는 생물학 용어는 '메신저messenger RNA'의 약자로서 정보를 전달하는 전령에 빗댄 은유적 표현입니다.

암호라는 표현은 1933년 노벨 물리학상을 수상한 에르빈 슈뢰딩거Erwin Schrödinger의 영향을 크게 받은 것으로 보입니다. 1953년 8월 12일, 크릭은 자신들의 연구에 큰 영향을 준 슈뢰딩거에게 감사의 마음을 전하기 위해 직접 편지를 썼습니다. 크릭은 편지에서 "나와 왓슨이 어떻게 분자생물학 분야에 입문하게 되었는지 이야기를 나눌 때, 우리 둘 다 당신의 책인 《생명이란 무엇인가What is Life?》의 영향을 받았다는 것을 알아챘습니다."라고 말했죠.[14]

슈뢰딩거는 1943년 2월 더블린의 트리니티 대학에서 '생명이란 무엇인가'라는 제목으로 강의를 진행했습니다. 강의에서 그는 "유전자는 암호 대본code-script으로서 개인의 미래 발육과 성장한 상태에서 나타나는 기능의 총체적 패턴을 결정합니다."라고 말했습니다. 슈뢰딩거는 유전자에서 생명의 본질을 찾았고 유전자란 암호 대본이라고 본 것입니다. 클로드 섀넌Claude Shannon의 연구에 의해 '정보'라는 용어가 본격적으로 주목을 받기 전이었지만, 슈뢰딩거의 말 속에는 정보라는 의미도 이미 포함된 것으로 보입니다. 이러한 슈뢰딩거의 생각은 분자유전학 이론의 중요한 개념적 토대가 되었습니다.

이제 암호와 정보에 빗댄 은유는 유전자를 설명하는 전형이 되었습니다. 이 은유는 유전자에 대한 담론을 구성하고 대중적 관심을 이끄는 데에도 크게 기여했습니다. 런던의 국립 초상화 미술관에 걸린 존 설스턴John Sulston의 초상화는 과학과 예술의 융합이 새로운 담론 형성과 대중적 인식 향상에 얼마나 중요한지를 잘 보여줍니다. 설스턴은 1992년부터 2000년까지 영국의 생어 연구소에서 인간 유전체 사업을 이끌었으며, 세포자살 유전자를 규명한 공로로 2002년 노벨 생리의학상을 수상했습니다.

2001년 국립 초상화 미술관에서는 설스턴의 초상화를 제작하기로 결정하고 영국 현대미술을 대표하는 화가인 마크 퀸Marc Quinn에게 작품을 의뢰했습니다. 그런데 퀸은 설스턴의 모습을 보이는 대로 그리지 않았습니다. 대신 설스턴의 정액에서 추출한 DNA를 조각내어 대장균 안에 집어넣은 다음 스테인리스 액자로 표구했습니다. 얼굴 모습이 아닌 추상적 정체성을 담아낸 새로운 의미의 '유전체 초상화'가 탄생한 것입니다. 마크 퀸은 이 작품을 두고 "존 설스턴의 초상화는 비록 예술적 견지에서 추상적인 것처럼 보이지만 사실 국립 초상화 미술관에서 가장 사실적인 초상화이다. 왜냐하면 존의 창조로 이어지는 실질적인 명령을 담고 있기 때문이다."라고 설명했습니다. 유전자라는 암호와 정보는 지금까지도 과학의 영역을 넘어 예술을 통해 새로운 담론의 공간을 만들어내고 의미를 재생산하며 영향력을 발휘하고 있습니다.

생명공학으로 생명체를
창조할 수도 있을까?

1887년 말단비대증acromegaly 환자 대부분에게서 뇌하수체 종양이 발견되었습니다. 이후 이 종양 때문에 성장호르몬이 과다 분비되면서 말단비대증을 유발한다는 사실이 밝혀지며 성장호르몬은 큰 주목을 받았습니다.[15] 1958년 모리스 라벤Maurice Raben 이 죽은 사람의 뇌하수체에서 성장호르몬을 추출하여 성장호르몬 결핍증 환자에게 사용했으나 이 방법으로 많은 양을 얻기는 힘들었지요.[16] 하지만 재조합 유전자 기술을 통해 대량으로 사람의 성장호르몬을 생산할 수 있게 되었고, 1985년 성장호르몬이 미국 식약청의 사용 허가를 받으면서 성장호르몬 결핍증, 터너 증후군, 프라더 윌리 증후군 등 다양한 질병을 치료하는 데 사용되기 시작했습니다.

유전공학 또는 유전자 재조합 기술은 1960년대 DNA를 자르는 제한 효소restriction enzyme, 반대로 붙이는 연결 효소ligase 의 발견과 함께 역사의 전면에 등장했습니다. 1980년 노벨 화학상 수상자인 폴 버그Paul Berg 는 1972년 이 두 효소를 이용하여 한 DNA의 일부분을 잘라서 다른 DNA에 붙여 혼합 DNA를 만드는 실험에 성공했습니다.[17]

자연계에 존재하지 않는 재조합된 유전자를 얼마든지 만들어낼 수 있는 유전자 조작의 시대가 막을 연 것입니다.

이로써 유전자의 염기서열은 자연적으로 결정된다는 기존의 통념이 깨져버렸습니다. 1973년 스탠리 코헨Stanley N. Cohen과 허버트 보이어Herbert Boyer가 '플라스미드plasmid'라는 유전자 운반 도구를 사용하는 유전자 재조합 기술을 완성하자 손쉽게 유전자를 증폭시킬 수 있게 되었습니다.[18] 이 연구 결과는 1973년 《미국국립과학원회보Proceedings Of The National Academy Of Sciences, PNAS》에 발표되었는데, 생명공학의 탄생을 알린 계기가 되었기에 1973년을 흔히 '생명공학의 원년'이라고 부르지요.

로버트 스완슨Robert Swanson은 유능한 벤처 투자가는 아니었지만 유전자 재조합 기술의 산업적 가치를 잘 알아차렸습니다. 스완슨은 가장 먼저 폴 버그에게 연락을 취했습니다. 하지만 유전자 조작 연구의 잠재적 위험과 사회적 책임을 강조했던 폴 버그는 스완슨의 제안을 단칼에 거절했습니다. 다음으로 스완슨은 보이어를 만나 유전자 재조합 기술을 이용하여 의약품을 만들자고 제안했습니다. 당시 보이어의 큰아들은 성장 장애가 있을 가능성이 컸기 때문에, 보이어는 스완슨의 제안에 솔깃할 수밖에 없었습니다.

오랜 시간 대화한 끝에 보이어는 스완슨과 함께 회사를 세우기로 합의합니다. 회사 이름은 보이어의 제안으로 유전공학기술Genetic Engineering Technology을 줄인 '제넨텍Genentech'으로 정했습니다. 1978년 제넨텍은 유전자 재조합 기술을 이용하여 사람의 인슐린 단백질을 대량 생산하는 데 성공했습니다.[19] 이 기술을 이전받은 대형제약사 일라이 릴리 Eli Lilly 는 임상시험을 진행하여 1982년 단백질 신약으로는 최초로 미국 식약청의 승인을 받았습니다. 이어 제넨텍은 1985년 성장호르몬을 생산해 신약으로 승인받았죠.[20]

이후 인간 염색체를 구성하는 30억 염기서열을 밝혀낸 인간 유전체 사업 Human Genome Project 과 함께 본격적인 생명공학의 시대가 열립니다. 인간의 손으로 유전자 염기서열을 설계해서 새로운 생명체를 창조해 낼 수 있다는 생각도 널리 퍼졌습니다. 이 생각은 2002년 폴리오바이러스 poliovirus 의 DNA를 화학적으로 합성하는 데 성공하면서 현실로 다가왔지요.[21] 이후 합성생물학 기술의 발전으로 미코플라스마 mycoplasma 균의 유전체와 효모의 유전체를 합성할 수 있게 되었고,[22] 인공 박테리아를 창조하기에 이르렀습니다.[23]

유전자 염기서열을 염색체 수준에서 정교한 방식으로 교체할 수 있는 유전체편집기술이 하루가 다르게 발전하다 보니, 인간을 창조하는 일이 가능할지도 모른다는 우려는 기우가 아닙니다. 펠리페 페르난데스아르메스토 Felipe Fernndez-Armesto 가 《우리가 정말 인간일까? So You Think You're Human 》에서 언급한 "유전학을 통해 떠올릴 수 있는 가장 두려운 일은 유전학이 인간을 변화시킬 것이라는 사실이 아니라 인간의 삶을 변화시킬 것이라는 사실이다."라는 말을 되새겨볼 법합니다.

사람을 개량하려는 오랜 욕망

앞장에서 잠시 언급한 영화 〈가타카〉는 유전적 지위가 사회적 지위를 결정하고, 그 사실이 다시 유전적 지위에 영향을 주는 생물학적 차별의 시대를 그려내면서 유전자 계급사회 논쟁에 불을 지폈습니다.[24] 사실 개량이나 향상에 대한 욕구는 최근 생겨났다고 보기 어렵습니다. 자연적인 선택 과정에 개입하여 생물 종을 개량하는 인류의 실험은 이미 1만 년 전부터 시작되었습니다. 자연을 개량하고자 하는 인류의 꿈은 동물과 식물을 길들이는 데 그치지 않았습니다. 몸의 구조를 바꾸는 성형 수술이 가능하다면 유전자의 구조를 바꾸는 성형이 불가능할 이유가 무엇일까요?

사람을 개량하려는 욕망은 서구 사회에서 오랜 기간 꾸준히 이어져 왔습니다. 고대 그리스 철학자 플라톤은 이상적인 국가를 묘사한 책 《국가The Republic 》에서 우수한 사냥개끼리 교배해야 우수한 새끼를 낳는 것처럼 선택적 임신으로 사람을 개량해야 한다고 했습니다. 아리스토텔레스는 《정치학Politica 》에서 주인보다 열등하게 태어난 노예는 본성에 따라 노예가 되는 것이 당연한 일이며, 길들인 동물이 사람의 지배를 받을 때 행복하듯 열등한 사람은 우월한 사람의 지배를 받을 때 훨씬 행복하다고 주장했습니다.

다윈의 사촌인 프랜시스 골턴Francis Galton 은 우생학eugenics 을 창안해 사람의 자질을 개량하려는 욕망을 과학의 지위에 올려놓으려 했습니다. 골턴은 인위선택을 통해 인간의 자질을 개선하고 사회적 진보를 이루려 했지요.[25] 골턴의 생각은 "만약 말과 소의 교배 개량에 들이는 비용과 노력의 5퍼센트만 사람을 개량하는 방법에 투자한다면 수많은 천재를 만들어낼 수 있다."라는 그의 말에서 잘 드러납니다.

골턴이 보기에 사람마다 사회적으로 성공할 수 있는 능력이 다른 이유는 육체적, 정신적, 도덕적 특성이 유전되기 때문이었습니다. 그러므로 유전적 요인을 통제해 인간의 타고난 형질을 개선해야만 미래가 보장될 수 있다고 생각했습니다.[26] 달리 말해 선별적 생식을 통해 바람직하지 못한 인간 종의 자질을 제거하면 인간이 완벽해질 수 있다는 말이지요. 이러한 생각은 20세기 들어 구체적인 행동으로 나타났습니다. 미국과 소련, 유럽 일부에서는 정신 질환자, 범죄자, 알코올 중독자로 분류된 사람을 강제로 불임 수술까지 시켰습니다.

무분별한 이념과 가치를 탑재한 과학은 사회적, 문화적, 정치적 편견을 정당화하는 수단이 되었습니다. 우생학은 20세기 미국과 유럽에서 널리 유행했으며, 독일 나치에 이르러 유대인 대학살이라는 가장 극단적이고 부정적인 결과를 초래했습니다. 우생학은 생물통계학과 유전학 분야를 아우르는 복합적이고 실천적인 응용 학문으로 보이기도 합니다. 그러나 결국은 적격자 선택과 부적격자 배제의 원리를 토대로 작동하는 사이비 응용과학일 뿐입니다. 우생학적 주장들은 논리적으로 설명되지 않을 뿐만 아니라 신분이나 계급의 차이에 관여하는 어떠한 생물학적 본성도 밝혀내지 못했습니다.

이제는 국가가 주도하는 극단적인 우생학은 폐기되어 사라졌습니다. 그러나 소비문화와 결부된 우생학적 관념은 대중들의 유전자 담론 속에 여전히 자리하고 있습니다. 2022년 《네이처》에 발표된 사람의 키 차이를 분석한 연구 결과를 보면 유전학에 대한 우리의 이해가 얼마나 부족한지 잘 드러납니다.[27] 이 연구에서는 540만 명을 대상으로 유전체를 분석하여 사람의 키와 관련된 1만 2,111개의 염기서열 변이를 새롭게 찾아냈습니다. 이를 통해 키 차이가 나는 원인의 40~50퍼센트 정도를 설명할 수 있게 되었고요. 이 연구 결과를 보면 다음과 같은 질문이 자연스럽게 따라옵니다. 유전자 조작으로 과연 지능이나 키 같은 사람의 속성을 향상할 수 있을까요? 얼마나 많은 과학지식이 쌓이고 기술이 발전해야 안전하고 효과적으로 사람의 속성을 향상할 수 있을까요? 만약 사람의 속성을 향상할 수 있다면 우리는 유전자 조작 범위를 어디까지 허용해도 좋을까요?

3

영혼은 어디에,
과연 있을까?

: 마음

'간'에 욕망이 담겼다는 생각은
어디서 비롯했을까?

흔히 사람들은 영혼이나 마음이 의식, 생각, 감정, 감각의 원천이라고 여깁니다. 그런데 이 용어들은 서로 얽혀 있으면서도 관념적이므로 한 마디로 정의하긴 어렵습니다. 그래서 그 실체가 무엇인지는 지금도 명쾌하게 정리하기 힘들지요. 마음이 무엇인지도 명확하지 않은데, 과학적 증거를 바탕으로 그 개념을 설명할 수 있을까요? 마음의 과학적 실체를 밝히려는 시도는 분명 어렵고 혼란스러운 일이에요.

이러한 상황 속에서 사람들은 영혼이나 마음이라는 용어를 과학의 언어로 풀어내기 시작했습니다.[1] 보이지 않는 추상적인 개념을 미약하지만 우리 몸의 생물학적 구조와 물질적 구성요소에 대응시켜 설명할 수 있게 된 거예요. 지금은 뇌가 마음의 기원이며, 신경세포의 물리 화학적 작용이 그 바탕이라는 점이 분명해졌습니다. 하지만 인류 역사에서 볼 때 이런 사실을 알게 된 것은 아주 최근의 일입니다.

그렇다면 예전에는 마음이 어디에 있다고 생각했을까요? 동서양을 막론하고 오랜 시간 동안 사람들은 심장을 마음의 장기로 여겼습니다. 마음을 뜻하는 한자 '心'은 심장의 모양을 본떠 만든 상형문자라고 알려져 있기도 합니다. 하지만 고대 문명사회에서 심장을 마음의 장기로 생각한 것은 비교적 나중의 일이었습니다. 심장 이전에는 간肝이 영혼과 마음을 상징하는 장기이자 욕망과 생명이 자리 잡고 있는 장기라고 생각했습니다.

간이 다른 장기에 비해 크기가 크고 우리 몸의 가운데 부분을 차지하고 있으므로 영혼과 마음이 간에 자리 잡고 있다고 생각했다는 건 어색하지 않습니다.[2] 무엇보다도 혈액이 풍부하여 붉은빛을 띤다는 점은 간을 영혼이나 마음, 열정이나 욕망으로 연결 짓기에 충분했습니다. 간이 지닌 붉은색 때문에 로마의 의사 클라우디오스 갈레노스Claudius Galenus를 비롯한 많은 사람이 간에서 혈액이 만들어질 거라고 오해하기도 했습니다. 참고로 백합처럼 흰 간을 가리키는 영어 표현 'lily liver'는 겁이 많고 소심함을 뜻합니다.

별주부전의 근원 설화인 '구토지설' 설화에서 잘 드러나듯 예로부터 우리나라에서도 간을 중요하게 여겼습니다. 설화에서는 병에 걸린 용왕의 딸을 치료하기 위해 토끼 간을 구하러 가는 내용이 등장하지요. 간과 관련된 관용 표현을 통해서도 간에 대한 인식이 보입니다. '간이 콩알만 해지다', '간이 붓다', '간이 크다', '간 떨어질 뻔했다', '간이라도 빼 줄 듯하다', '간이 벌렁거리다', '간을 녹이다', '간을 졸이다' 등의 표현을 보면 간이 영혼과 마음을 상징하는 데 쓰였음을 유추할 수 있지요.

고대 사회에서 간에 대한 인식은 어떻게 만들어졌을까요? 아마도 간을 관찰한 경험과 세계를 이해하는 방식이 만나면서 만들어졌

3-1 점토로 만든 간 모형, 기원전 1900~1600년경, 런던 대영박물관

을 거예요. 고대인들이 간을 어떻게 생각했는지 파악할 수 있는 구체적 증거가 있습니다. 기원전 2,000년 이전부터 메소포타미아에서 시작된 '간점 hepatoscopy'이 바로 그 증거입니다. 간의 모양을 보고 점을 친 간점의 흔적은 《구약성경》〈에스겔 21장 21절〉에 "바벨론 왕이 갈래길 곧 두 길 어귀에 서서 점을 치되 화살들을 흔들어 우상에게 묻고 희생제물의 간을 살펴서……"라는 부분에서 찾을 수 있습니다.

제물로 바친 짐승의 내장 모양을 조사하는 것은 고대 사회에서 미래를 예측하기 위한 점술 중 하나였습니다. 이런 점술 중에서도 메소포타미아에서는 간의 모양으로 점을 쳤던 거지요.[3] 이들은 영혼과 생명, 마음이 간에 자리하고 있다고 여겼기 때문에 간의 모양을 살피면 신의 의도를 알아내어 미래를 예측할 수 있다고 생각했습니다. 따라서 고대 메소포타미아에서 사제가 되기 위해서는 간의 생물학적 구조를 공부해야만 했습니다.

이런 면에서 볼 때 간의 생물학적 구조를 파악하는 연구는 기원전 2,000년 이전부터 시작되었다고 말할 수 있습니다.[4] 간에 대한 해부학 교육을 위해 당시 메소포타미아의 사제는 점토로 만든 간 모형을 활용했습니다.그림 3-1 이와 비슷한 간 모형이 이탈리아에 있는 에트루리아 유적 등지에서도 발견되는 것으로 보아, 유럽에서도 간점이 이루어졌음을 짐작할 수 있습니다.[5]

간이 지닌 의미는 어원에서도 유추해 볼 수 있습니다.[6] 간을 뜻하는 그리스어 'hêpar'라는 단어는 즐거움을 뜻합니다. 고대 그리스의 유명한 비극 작가 아이스킬로스Aeschylus 나 소포클레스Sophocles 도 간을 감정의 자리로 표현했습니다. 이슬람의 무함마드Muhammad 는 영혼을 가리켜 '촉촉한 간'이라는 표현을 쓰기도 했습니다. 한편 영어로 간을 뜻하는 'liver'는 생명을 뜻하는 앵글로색슨어 'lifere'에서 유래한 것으로 보입니다. 16세기 엘리자베스 1세 여왕 시기에는 종종 왕을 나라의 간에 비유할 정도로 간을 중요하게 생각했습니다.

프로메테우스와 티티오스의 간 이야기

고대 사회에서 간을 어떻게 생각했는지는 그리스 신화에서도 엿볼 수 있습니다. 페테르 파울 루벤스Peter Paul Rubens 는 〈사슬에 묶인 프로메테우스Prometheus Bound 〉에서 우리에게 익숙한 프로메테우스 신화의 한 장면을 표현했습니다.화보 3 그림에는 사슬에 묶인 채 독수리 한 마리에게 간이 쪼아 먹히는 벌을 받는 프로메테우스의 모습이 나타나 있습니다. 이 가혹한 벌은 제우스가 내린 거예요. 제우스가 인간에게서 빼앗은 불을 프로메테우스가 다시 돌려주자 참을 수 없었던 제우스는 복수를 결심하게 된 거지요.

제우스는 프로메테우스를 코카서스 산의 바위에 사슬로 묶어 놓았습니다. 프로메테우스는 낮 동안 독수리에게 간이 쪼아 먹히고, 밤이 되면 간이 다시 자라났기 때문에 날마다 고통의 시간을 보내야 했지요. 제우스는 죽지 않는 프로메테우스에게 영혼이 파괴되는 듯한 죽음의 고통을 느끼도록 했던 것입니다. 그러므로 프로메테우스의 간은 영혼과 생명을 가리키는 은유적인 표현이라고 말할 수 있습니다.[7] 《일리아드》에서 헤카베가 자기 아들을 죽인 아킬레우스의 간을 씹어 먹어 복수하겠다고 선언한 것도 같은 맥락입니다.

프로메테우스 신화와 비슷한 또 다른 신화로 티티오스 신화가 있습니다.[8] 티치아노 베첼리오Tiziano Vecellio 는 〈티티오스의 벌 Punishment of Tityus 〉에서 티티오스 신화의 인상적인 한 장면을 그려냈습니다. 거인 티티오스는 레토를 미워하던 여신 헤라의 꾐에 넘어가 델포이로 가던 레토를 겁탈하려 했습니다. 이에 레토가 도움을 요청하자 레토의 자녀인 아폴론과 아르테미스가 나타나 레토를 구하고, 제우스는 티티오스에게 벌을 내리지요. 티티오스는 지하 세계에 묶여 날마다 독수리 두 마리에게 간이 쪼아 먹히고, 간은 다시 회복되어 영원한 고통을 겪게 되었습니다.

프로메테우스 신화에서 나오는 간이 영혼과 생명을 뜻한다면, 티티오스 신화의 간은 욕망을 뜻하고 있음을 알 수 있습니다. 다시 말해 간이 먹히는 형벌은 끊임없이 솟아나는 욕망을 억제하고 없앤다는 의미를 담고 있지요. 르네상스 시대 티티오스의 신화는 억누르지 못할

3-2 카라바조, 〈의심하는 성 토마스〉, 1601~1602년, 포츠담 상수시 미술관

사랑에 대한 알레고리allegory로 해석되었습니다. 이는 간에 있는 욕망이 머리에 있는 이성에 종속된다고 본 플라톤의 견해와 일맥상통하기도 합니다.[9]

　프로메테우스와 티티오스 둘 다 제우스로부터 비슷한 벌을 받았지만, 이 둘 사이의 접점은 거의 찾기 어렵습니다. 다만 이 두 신화를 통해 간이 영혼과 마음의 장소이자 생명과 욕망의 장소로 여겨졌다는 점을 알 수 있습니다. 시간이 흐른 후 영혼과 마음의 장소는 심장으로 바뀌었지만, 간을 중요시했던 흔적은 중세 이후에도 발견됩니다. 카라바조Caravaggio의 그림 〈의심하는 성 토마스The Incredulity of Saint Thomas〉를 보면,[10] 그림 3-2 사도 성 토마스의 손가락이 그리스도의 상처 속으로 들어가는 방향이 심장이 아니라 간을 가리키고 있기 때문입니다.

사랑의 상징은
왜 '심장' 모양일까?

스페인의 엘 핀달El Pindal 동굴에 남겨진 후기 구석기 시대의 벽화에서는 고대인들이 심장을 어떻게 생각했는지 엿볼 수 있습니다.[11] 동굴 벽에 재현된 매머드의 모습은 겉모습뿐만 아니라 몸속에 있는 심장까지 그렸는데요.그림 3-3 겉으로 보이는 부분과 보이지 않는 부분을 하나의 화면에 재구성했다는 점에서 고도화된 추상 능력이 놀랍기도 합니다. 특히 몸속 장기 중에서 오직 심장만 그렸다는 점이 흥미롭습니다. 심장을 그려서 영혼이나 생명력을 매머드에게 불어넣으려 했던 주술적 의미라고 짐작해 볼 수도 있겠지요.

기원전 2,000년경 쓰인 인류 최초의 서사시《길가메시 서사시 Epic of Gilgamesh》에서도 심장에 관한 생각을 엿볼 수 있습니다.[12] 길가메시는 수메르의 도시국가인 우루크의 왕 루갈반다와 암소의 여신 닌순 사이에서 태어난 영웅으로, 3분의 2는 신이고 3분의 1은 인간이었습니다. 사랑과 전쟁의 여신 이슈타르는 길가메시가 자신의 구애를 거절하자 하늘의 황소를 내려보내 응징하려 했지요. 그러나 길가메시와 그의 친구 엔키두가 힘을 모아 황소를 죽였고 그 배를 갈라 심장을 꺼낸 후 태

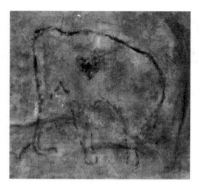

3-3 엘 핀달 동굴 벽화에 그려진 매머드, 1만 5,000년 전, 스페인

양의 신 샤미쉬에게 제물로 바쳤습니다.

신들은 하늘의 황소가 죽은 것에 노여워한 나머지 엔키두를 죽이고 맙니다. 이때 길가메시는 엔키두의 가슴에 손을 얹어 심장이 뛰는지 확인합니다. 친구의 죽음에 충격을 받은 길가메시는 영생의 비밀을 알아내기 위해 영생을 얻은 인간인 우트나피쉬팀을 찾아 나서게 됩니다. 《길가메시 서사시》에 나오는 심장은 신과 연결되는 통로이자 길가메시와 엔키두를 하나로 묶어주는 매개물이라고 볼 수 있습니다. 이와 동시에 심장은 삶과 죽음의 경계를 구분 짓고 영혼과 마음을 담고 있는 장기였습니다.

메소포타미아와 달리 이집트는 기후의 변화가 심하지 않았고, 바다와 사막에 둘러싸여 있어 외세가 침입하기 어려웠습니다. 그래서 이집트는 통일국가를 안정적으로 유지하면서 내세의 삶과 영혼의 영원함에 관한 고유한 사상 체계를 발전시킬 수 있었죠. 이집트 사람들이 사후 세계와 영원성을 어떻게 바라보았는지는 무덤의 벽화나 부조를 통

3-4 〈후네페르의 심장과 깃털을 저울질하는 아누비스〉, 런던 대영박물관

해 확인할 수 있습니다. 특히 부유층이 사망하면 파피루스 책을 미라와 함께 석관에 넣었는데, 당시 가장 인기 있는 파피루스 책 중의 하나는 《사자死者의 서書》였습니다. 기원전 1,300년경 작성된 《사자의 서》를 보면 심장과 깃털의 무게를 저울질하는 모습이 나옵니다.[13] 그림 3-4

　　이집트 사람들은 죽은 자의 영혼이 영생의 신 오시리스 앞에서 심판을 받는다고 믿었습니다.[14] 살아 있을 때의 기억과 마음이 심장에 모두 기록되어 있다고 생각했으므로 심판은 심장의 무게를 재는 것으로 이루어졌습니다. 자칼의 머리를 가진 죽음의 신 아누비스가 죽은 자를 안내하고 따오기 머리를 가진 지혜와 정의의 신 토트가 서기를 봅니다. 저울 위에는 토트의 아내이자 정의의 여신인 마트를 상징하는 깃털이 올려져 있습니다. 이 저울이 기울지 않고 심장의 무게와 평형을 이룬다면 죽은 자의 영혼은 내세인 두아트로 갈 수 있습니다. 그러나 만약 심장이 깃털보다 무거우면 죽은 자는 사자, 하마, 악어가 합쳐진 모습을 한 괴물 암무트에게 잡아먹혔습니다.

3-5 아즈텍 문명의 문서인 '코덱스 말리아베키아노'에 나오는
인신 공양 의식 모습

　　이렇듯 이집트 사람들은 심장을 마음이 머무는 장소라고 생각했습니다. 심장에 새겨진 살아생전의 마음과 행실을 바탕으로 심판을 받는다고 생각했으므로 사후에도 심장이 중요할 수밖에 없었습니다. 또한 태양신을 섬겼던 이집트에서는 태양과 연결된 심장을 통해 신의 음성을 듣는다는 생각이 널리 퍼져 있었습니다. 이러한 심장 중심의 관점은 인체 장기 중 심장만 방부처리를 해서 미라 안에 다시 집어넣는 의식으로도 투영되었습니다.[15]

　　동굴 벽화나 메소포타미아 및 이집트 문명이 남긴 시각적 표상이나 문자 기록은 다분히 주술적이거나 종교적이긴 해도 심장의 기능에 대한 인식을 잘 보여줍니다.[16] 그러나 심장을 바라보던 전통적 인식이 때로는 참혹한 관습으로 전개되기도 했습니다. 태양신에게 사람의

피와 심장을 제물로 바쳐 세상의 소멸을 막으려고 했던 아즈텍의 인신 공양 의식은 스페인에 의해 멸망하기 전까지 계속되었죠.그림 3-5

산 사람의 심장은 쉼 없이 뛰고 있고 죽은 사람의 심장은 멈춰 있으므로 심장이 삶과 죽음의 경계를 나눈다는 생각은 일상 경험과 잘 일치합니다. 마음과 감정의 변화에 따라 심장 박동이 빨라지거나 커지는 것 또한 누구나 일상생활에서 느끼는 경험입니다. 그러므로 심장 중심의 생각은 오랜 기간 지속될 수 있었습니다. 사실 과학적 사실이란 일상 경험과 잘 부합하지 않아 쉽게 받아들이기 어려울 때가 많지요. 지구가 태양 주위를 돈다는 사실이 그 예시입니다. 우리는 늘 동쪽에서 태양이 떠서 서쪽으로 지는 모습만 볼 뿐이니까요.

심주설과 뇌주설의 치열한 경쟁

오랫동안 상당수 문화권에서 마음의 자리는 뇌가 아니라 심장이었습니다. 기원전 1,500년경 고대 이집트에서 작성된《에드윈 스미스 파피루스Edwin Smith Papyrus 》에 뇌 손상으로 인한 증상이 언급된 바 있으나, 뇌를 영혼과 마음의 장소로 생각하진 않았습니다.[17] 하지만 철학적 사유가 싹튼 고대 그리스에서 알크마이온을 필두로 심장 중심의 사고에 도전장을 내밀기 시작했지요.[18] 기원전 5세기 알크마이온은 마음이 뇌에 자리하며, 뇌가 지성과 감각을 관장한다고 생각했습니다.[19]

히포크라테스 역시 마음이 뇌에 자리 잡고 있다고 주장했습니다. 뇌전증epilepsy 을 다룬《신성병에 관하여 On the Sacred Disease 》에서 히포크라테스는 "나는 뇌가 인체의 가장 강력한 기관이라고 생각한다.……

그러므로 뇌가 의식의 해석자라고 주장한다.……"라고 말한 바 있습니다.[20] 하지만 일상 경험과 잘 부합하지 않는 뇌 중심의 관점인 뇌주설腦主設, encephalocentrism 을 받아들이기에는 증거가 빈약했고 설득력도 부족했습니다.

움직임이 거의 없는 뇌와 달리, 뜨겁고 끊임없이 움직이는 심장이야말로 영혼, 생명, 마음의 근원으로 여기기에 부족함이 없었습니다. 아리스토텔레스마저 영혼과 마음이 심장에 있다는 심주설心主設, cardiocentric model 을 주장했습니다.[21] 특히 그는 심장을 우리 몸에서 가장 중요한 장기로 여기고 발생 단계에서 심장이 가장 먼저 생성된다고 생각했습니다. 로마 시대의 칼레노스는 해부학 연구를 통해 뇌주설을 제안했지만 아리스토텔레스의 지적 권위와 일상적 경험을 뛰어넘기에는 역부족이었습니다.[22]

12세기 이후 500년 이상 서양의학에 큰 영향을 미친 아랍의 의사 이븐시나Ibn-Sina 또한 신경이 심장이 아니라 뇌에서 뻗어 나온다는 갈레노스의 견해를 일부 수용하면서도 아리스토텔레스의 심주설을 지지했습니다. 13세기 대표적 사상가 중 한 명인 알베르투스 마그누스 Albertus Magnus 또한 모든 신경이 심장에서 시작한다는 아리스토텔레스의 생각을 따랐습니다. 몬디노Mondino de Luzzi 는 직접 인체를 해부하기까지 했지만 아리스토텔레스의 생각에서 벗어나지 못했습니다.

베살리우스가《인체 구조에 관하여》를 발표해 근대 해부학의 탄생을 알린 16세기를 거치며 공고하게만 보였던 심장 중심의 생각에 균열이 생겼습니다. 이후 200년에서 300년간에 걸쳐 서서히 마음은 심장이 아닌 뇌에서 비롯된다는 사실이 받아들여졌습니다. 긴 시간 동안 논란을 거치고 많은 증거가 쌓여야 과학혁명이 가능하다는 것을 역사는 잘 증언해 줍니다. 단 하나의 결정적 실험이나 발견으로 어느 날 갑자기 생각이 바뀔 수는 없는 법이죠.

혈액이 순환한다는 사실을 발견하여 근대 생리학의 문을 연 윌리엄 하비William Harvey 는 아리스토텔레스의 사상을 따랐지만, 뇌가 생각과 마음의 작용에 중요하다는 점도 일부 포착했습니다.[23] 심장과 뇌를 둘러싼 긴장과 혼란이 잘 드러나는 대목입니다. 반면 르네 데카르트René Descartes 는 심장에 영혼이 자리한다는 생각은 진지하게 고려할 가치가 없다고 치부했습니다. 대신 데카르트는 뇌의 중요성을 인식하고 뇌에 존재하는 송과선pineal gland 을 통해 마음과 몸이 상호작용한다고 생각했습니다.[24]

17세기 중반 토머스 홉스Thomas Hobbes 는 기계적, 유물론적 관점을 바탕으로 생각이 물질적 실체로부터 생겨난다는 주장을 펼쳐 뇌와 마음의 연결성을 강조했습니다. 한편 1665년 니콜라우스 스테노Nicolaus Steno 는 뇌를 자연의 가장 아름다운 걸작이라고 칭송했고, 가능한 작은 부분으로 해체해야 이해할 수 있는 기계에 비유했지요.[25] 사람의 생각이 물질적인 과정에서 비롯된다면 도덕성을 심각하게 위협할 거라는 비판도 거셌지만, 뇌가 마음의 물질적 근거라는 견해는 점점 더 지배적인 생각으로 바뀌어 갔습니다.

18세기 말 루이지 갈바니Luigi Galvani 는 개구리 다리 부위의 신경을 자극하면 체내에서 생긴 동물 전기animal electricity 로 인해 근육이 수

축한다는 사실을 발견했습니다.[26] 19세기 초 지오반니 알디니 Giovanni Aldini 는 교수형을 당한 지 한 시간밖에 안 된 시신의 머리에 전기 자극을 줘 마치 되살아나는 듯한 움직임을 일으켰습니다.[27] 이런 전기생리학적 발견이 축적되면서 뇌의 활동에서 전기가 매우 중요하다는 개념이 보편적으로 받아들여집니다. 20세기 들어 뇌 신경세포의 전기적 현상은 세포막을 통한 이온들의 이동 때문에 생긴다는 것도 밝혀졌습니다. 마음이란 뇌 속에서 일어나는 전기적 활동의 결과인 셈입니다.

19세기 후반 폴 브로카 Paul Broca 와 카를 베르니케 Carl Wernicke 는 말하기나 언어 이해 능력에 문제가 있는 환자의 부검 결과로부터 마음이나 지각과 같은 기능이 뇌의 특정 영역과 연관 있다는 국재화 localization 이론을 주장했습니다. 사고로 쇠막대가 두개골 앞쪽을 관통했지만 기적적으로 살아난 피니어스 게이지 Phineas Gage 가 온화한 성격에서 감정 기복이 심하고 무례한 성격으로 바뀐 일화는 다소 와전된 면도 있지만 국재화 이론이 확산되는 데에 크게 기여했습니다.[28]

1967년 심장과 뇌의 논쟁에 종지부를 찍을 만한 일이 일어났습니다. 크리스티안 바너드 Christiaan Barnard 가 최초로 심장 이식에 성공함으로써 마음이 심장에 자리 잡고 있다는 믿음을 무너뜨렸습니다.[29] 심장은 혈액을 공급하는 기계적 장치에 불과하다는 사실이 또다시 확인된 거예요. 물론 과학적 논쟁과는 별개로 문화와 예술적 측면에서 심장은 여전히 마음의 장기로 남아 있습니다. 우리는 여전히 '가슴에 새긴다'는 표현이나 '가슴에서 우러나온다'는 표현을 많이 사용하지요.

감정은 '뇌'의
생화학적 작용일 뿐일까?

생물을 이루는 기본 단위가 세포라는 이론이 수립된 뒤 생물학이 비약적으로 발전했듯이, 뇌과학 또한 뇌 조직의 기본 단위에 관한 연구에 힘입어 눈에 띄게 발전했습니다. 카밀로 골지 Camillo Golgi 는 우연히 발견한 염색법으로 뇌 조직을 염색하여 신경세포가 그물망 모양으로 연결된 체계를 이룬다는 '신경그물설reticular theory'을 제안했습니다. 한편 화가이자 사진작가인 산티아고 라몬 이 카할Santiago Ramón y Cajal 은 골지가 개발한 염색법을 개선하여 신경그물설의 오류를 밝혔고, 신경세포가 서로 분리되어 있으며 독립적으로 존재한다는 '신경세포설neuron doctrine'을 주장했습니다.

골지와 카할은 서로 다른 이론을 주장했지만 1906년 노벨 생리의학상을 공동 수상했습니다.[30] 염색법을 개발한 공로와 모든 신경 연구의 근간이 된 신경세포 이론을 밝힌 공로를 모두 인정해 주었기 때문이에요. 또한 그만큼 뇌를 구성하는 기본 단위를 밝히는 연구가 중요했지만, 실제 증명하기가 쉽지 않았다는 걸 보여주는 거지요. 이후 신경전달물질과 신경전달물질 수용체가 발견됨으로써 신경세포의 활성이 주로 '시냅스synapse'라는 신경세포 사이의 접합부에서 일어나는 생화학적 반응으로 나타난다는 것을 알게 되었습니다. 신경세포는 시냅스를 통해 여러 신경전달물질을 주고받는데, 이것이 우리의 마음과 감각에 영향을 주는 거지요.

　　이러한 생물학적 발견은 마음도 생화학적 작용의 일부임을 말해줍니다. 특히 20세기 중반을 거치면서 앙리 라보리Henri Laborit가 항정신성 약물인 클로르프로마진chlorpromazine을, 롤랜드 쿤Roland Kuhn이 우울증 치료 약물인 이미프라민imipramine을 발견하자 정신질환도 생화학적 통제의 영역으로 들어왔습니다.[31] 그뿐만 아니라 리세르그산 디에틸아미드LSD나 메스칼린mescaline 사용이 조현병의 일부 증상을 재현한다는 사실과, 리튬이 조증 치료에 효과적이라는 사실이 밝혀지면서 마음이 뇌의 생화학적 작용의 결과라는 사실이 더욱 공고해졌습니다.[32]

　　신경전달물질에 더해 신경호르몬도 발견되면서 뇌에서 일어나는 생화학 반응이 아주 복잡하다는 걸 알게 되었습니다. 이런 생화학적 과정은 우리의 마음, 감각, 감정을 통제하여 다양한 사회적 활동을 조정합니다. 난혼을 하는 목초들쥐meadow vole 수컷의 뇌에 바소프레신 수용체 유전자V1aR를 주입했더니 교미를 끝낸 배우자와 애착 관계가 유지되었으며, 새끼에게 더 빨리 다가가고 더 많은 시간을 보내는 등 부성 행동도 바뀌었습니다.[33] 사랑이나 애착 및 양육이라는 사회적 행동에 대한 생물학적 기전 역시 생체분자 수준에서 밝혀지게 된 것입니다.

　　그리스어로 '일찍 태어나다'라는 뜻을 지닌 옥시토신oxytocin은 대표적인 신경호르몬입니다. 출산 시 자궁 근육의 수축을 유도하거나 수유 시 젖 분비를 촉진하는 것으로 잘 알려져 있지요. 게다가 사랑의 감정을 높여 주는 기능이 있어 흔히 '사랑의 호르몬'으로도 알려져 있고요.[34] 실제 부모의 옥시토신 수치는 자식을 향한 애착이나 접촉 행동의 정도와 상관관계를 보입니다.[35] 물론 아직은 제한적이지만 마음이나 감정과 같은 복잡한 현상이 점점 더 생물학적 설명 및 통제의 영역으로 편입되고 있습니다.

마음을 생물학적으로 이해하려고 할 때 기억해야 할 것이 하나 있습니다. 우리 뇌는 5억 년 이상 거듭된 자연선택을 통해 오늘까지 이른 진화의 산물이라는 것입니다. 찰스 다윈도 자연선택이 뇌의 구조를 변형시켜 마음과 행동 양상을 변화시켰다고 생각했습니다.[36] 진화생물학적 관점은 뇌와 마음 사이의 연결고리를 찾는 여정에서 중요한 열쇠가 되어 줍니다. 마음 또한 생존과 번식에 유리한 특성이 선택된 결과물이기 때문입니다. "왜 뇌는 그렇게 많고 특이한 모양의 뼛조각으로 구성된 상자에 갇혀 있어야 할까요?"라는 다윈의 질문을 되새길 필요가 있어 보입니다.

뇌-컴퓨터 인터페이스, 마음 연구의 기대와 현실

이제는 뇌에 존재하는 신경세포의 연결과 활성 영역을 분석하여 마음의 생물학적 기반을 이해하려는 시도로만 그치지 않고 있습니다. 사지가 마비된 사람의 생각을 분석하여 그에 상응하는 로봇 팔의 움직임을 이끌어내는 뇌-컴퓨터 인터페이스 기술도 큰 진전을 보이고 있습니다.[37] 아직까지는 허황된 소리처럼 들리겠지만 언젠가 사람의 마음을 읽어 내거나 마음을 서버 시스템으로 전송하거나, 사람의 뇌에 인위적으로 감각 경험을 새길 수 있는 날이 올 거라는 기대와 우려가 교차합니다.

하지만 언론매체와 대중강연이 우리의 상상력을 자극하는 것과는 별개로, 사실 신경망의 활동과 기능에 대해 여전히 모르는 게 많지요. 신경세포와 생체분자를 바탕으로 뇌의 기능을 설명하려는 환원주의적 접근이 앞으로 얼마나 만족스러운 결과를 만들어낼지 예측할 수 없습니다. 더군다나 마음과 뇌의 생리 사이에 상관관계는 제법 단단해 보이지만, 고전적으로 마음을 다루어왔던 심리학과 새롭게 급부상하고 있는 뇌신경과학은 서로 잘 융화되지 못하고 대치하면서 긴장감을 만들어내기도 합니다.

뇌 특정 부위가 손상되면 특징적인 증상이 나타난다고 해서 뇌의 기능이 특정 영역이나 생물학적 구조에 국재화되어 있다고 결론 짓기에는 아직 섣부른 점이 많습니다. 19세기 철학자 프리드리히 랑게 Friedrich Lange 가 말했듯, 시계의 태엽 하나가 고장 나 엉뚱한 시각을 가리킨다고 해서 그 태엽이 시각을 알려주는 기능을 한다고는 말하기 어렵지요. 사실 뇌의 다양한 기능은 서로 분리되기도 하고 통합되기도 합니다. 뇌세포의 구조와 기능이 유동적으로 변화하는 뇌 가소성 현상도 나타나므로 뇌를 단순히 기계부품의 총합으로만 생각해서 뇌 기능을 이해하기에는 무리가 따릅니다.

마음이 물질화되면서 낭만과 신비가 사라지고 있는 현실을 안타까워할 수도 있습니다. 일찍이 시인 존 키츠John Keats 는 "아이작 뉴턴이 분광학으로 무지개를 분석하는 바람에 무지개에 대한 시성이 파괴되었다."라고 한탄한 바 있습니다. 하지만 180년 뒤 리처드 도킨스Richard Dawkins 는 "과학은 영감의 원천으로 인해 실제적 아름다움에 접근할 수 있게 해준다."라고 응답했습니다. 뇌를 생물학적으로 연구하는 일이야말로 마음의 아름다움에 빠질 수 있는 진정한 길은 아닐까요?

4

맞춤 치료로
무엇까지 가능할까?

: 질병

질병이 징벌이라는 믿음은
언제 깨졌을까?

인류의 역사를 돌이켜 볼 때 질병을 과학적으로 이해하기 시작한 것은 비교적 최근의 일입니다. 오랜 시간 동안 질병은 주술적이거나 종교적인 현상으로 여겨졌습니다. 따라서 질병을 치료하는 일은 주술사나 사제의 몫이었습니다. 제사를 지내고 기도를 올려 악귀를 내쫓거나 신의 노여움을 푸는 행위가 바로 의술이었습니다. 이렇게 질병을 징벌로 이해하는 관점은 사회 구성원이 도덕적 규범을 따르게 만들고 공동체의 결속력을 다지는 순기능도 있었지요.

종교적 질병관이 구체화된 모습은 고대 그리스의 아스클레피오스 신전에서 찾아볼 수 있습니다. 실존 인물인지는 확실하지 않지만, 아스클레피오스는 기원전 6세기경 아폴론을 대신해서 의술의 신으로 숭배되었습니다. 그리스 사람들은 몸이 아프면 아스클레피오스 신전을 찾아 몸을 청결히 하고 건강 회복을 위해 기도한 후 잠을 청했습니다.[1] 그러면 아스클레피오스가 꿈속에 나타나 치료법을 알려준다고 믿었지요. 이러한 모습은 세바스티아노 리치 Sebastiano Ricci 의 〈아스클레피오스의 꿈 Dream of Aesculapius 〉에 잘 묘사되어 있습니다. 화보 4

아스클레피오스 신전은 풍경이 좋고 공기가 맑은 교외에 주로 세워졌습니다. 환자는 사제의 지도에 따라 적절한 운동과 목욕을 하고 식이 조절을 하면서 약용식물을 섭취했습니다. 심인성心因性 질환을 앓는 환자에게는 상당한 치유 효과가 있었을 것입니다. 또한 플라시보 효과(위약 효과)로도 몸 상태가 나아질 수 있었겠지요. 무엇보다 위중한 환자는 신전까지 가기 어려웠으므로 주로 증상이 가벼운 환자가 신전을 찾았을 가능성이 큽니다. 어찌 보면 건강이 회복되었다는 믿음은 편견의 결과일 수 있습니다.

아스클레피오스의 놀라운 치료 능력은 제우스의 번개를 맞아 죽은 글라우코스를 살려내는 이야기에서 잘 드러납니다. 글라우코스를 치료하던 아스클레피오스는 시신 곁으로 뱀이 기어오자 지팡이를 휘둘러 뱀을 죽입니다. 잠시 후 다른 뱀이 입에 풀을 물고 와서 죽은 뱀의 입에 풀을 물려주자 다시 살아나더니 유유히 사라집니다. 이를 목격한 아스클레피오스는 그 풀을 이용하여 글라우코스를 살려냅니다. 이후 뱀 한 마리가 휘감긴 지팡이는 의학의 상징이 되었습니다. 이 뱀 지팡이는 중세시대에 엄격한 종교적 교리 때문에 사용이 중단되었다가 종교개혁 이후 지금까지 의학의 상징으로 사용되고 있습니다.

새롭게 등장한 기독교가 대중적 지지를 얻는 데 질병 치유의 약속은 아주 중요한 역할을 했습니다. 《성경》에는 예수와 그 제자들이 지닌 기적적인 치유 능력이 나타나 있습니다. 이런 점에서 볼 때 아스클레피오스는 기독교의 확산에 제법 큰 장애가 되었을지도 모릅니다. 실제 라틴 신학의 아버지 테르툴리안Tertullian은 아스클레피오스를 세계를 위협하는 야수라고 표현하기도 했습니다. 그러나 4세기 초 로마제국이 기독교를 공인한 이후 아스클레피오스 숭배 문화는 점차 쇠락의 길을 걷기 시작했습니다.

신전은 교회로, 아스클레피오스는 수호성인이라는 이름으로 바뀌었을 뿐 어느 시대든 아픈 사람들은 종교에 의지해 왔습니다. 지금도 사람들은 몸이 아플 때면 종교의 유무와 관계없이 기도하곤 합니다. 과거의 잘못으로 벌을 받는 것은 아닌지 반성도 하게 되지요. 이런 방식은 사람들에게 심리적 안정을 줄 수 있겠지만 병을 치료하는 데에는 분명 한계가 있습니다. 의학의 역사에서 가장 혁명적인 사건 하나를 꼽아보려면 자연적 원인에 의해 병이 생긴다는 질병관의 등장을 들수 있습니다.

종교적 질병관에서 자연적 질병관으로

호메로스의 《일리아드Iliad》는 아폴론의 분노 때문에 그리스 연합군 진영에 전염병이 도는 이야기로 시작됩니다. 신의 분노가 전염병을 일으킨다는 관점에 얽매인 상태에서 항생제를 개발한다는 상상이 가능할까요? 그러한 상상은 초자연적 질병관을 벗어나서 세상과 질병을 이성적으로 해석하는 대전환이 일어나야만 가능합니다. 대전환은 기원전 6세기 소아시아의 번성한 교역도시인 밀레토스에서 철학적 사유가 싹트면서 시작되었습니다.

이집트·바빌로니아 문화와 활발히 교류하던 밀레토스에서 태어난 탈레스Thales 는 다양한 자연현상에 관심이 많았습니다. 그는 동방에서 발달한 수학과 천문학 지식을 받아들여 독자적인 지식체계를 발전시켰습니다. 기원전 585년에 일어난 일식을 예측할 정도였다고 하지요. 탈레스는 만물에 영원불변한 근원이 있을 거라는 문제의식을 느꼈습니다. 그리고 그 근원은 물이라고 생각했습니다.

이후 여러 철학자는 공기, 불, 흙 등 각자 다양한 근본 물질을 제시했습니다. 엠페도클레스Empedocles는 절충주의자로서, 아낙시만드로스Anaximandros와 피타고라스 등의 사상을 바탕으로 '4원소설'을 정립했습니다. 4원소설은 불, 물, 공기, 흙 네 가지 근본 물질이 만물을 이루고 있다고 주장하는 이론입니다. 이 고대 물질체계는 플라톤과 아리스토텔레스의 지지에 힘입어 2,000년 이상 서양과학을 지배했습니다. 이러한 지적 분위기 속에서 의학의 아버지라 불리는 히포크라테스가 등장하게 되지요.

히포크라테스는 데모크리토스Democritus에게 큰 영향을 받았습니다.[2] 그림 4-1 데모크리토스는 모든 사건이 자연법칙에 따라 일어난다는 결정론적 세계관을 가진 원자론자였습니다. 따라서 히포크라테스도 과학적인 사고를 중요하게 생각했지요. 히포크라테스가 의학의 아버지로 불리게 된 결정적 이유는 주술이나 종교적 원인이 아닌 자연적 원인에 의해 병이 발생한다고 주장했기 때문입니다. 즉 환자의 병력과 임상적 관찰 소견을 중요하게 여기도록 의학의 흐름을 바꾼 것입니다.[3]

히포크라테스는 엠페도클레스의 4원소설에 대응하여 네 가지 체액인 흑담즙, 황담즙, 점액, 혈액이 우리 몸을 구성하는 근원이라는 '4체액설'을 주장했습니다.[4] 불은 황담즙, 흙은 흑담즙, 물은 점액, 공기는

4-1 클라스 코르넬리스 무이아르트, 〈데모크리토스를 방문한 히포크라테스〉,
1636년, 헤이그 마우리츠하위스 미술관

혈액에 대응하는 체액입니다. 따라서 황담즙은 불처럼 뜨겁고 건조하며 흑담즙은 흙처럼 차갑고 건조하고, 점액은 물처럼 차갑고 습하며 혈액은 공기처럼 뜨겁고 습한 특징이 있습니다. 이런 체액들이 균형을 이루며 우리 몸이 건강하게 유지된다고 생각했지요.

히포크라테스는 네 체액의 조화와 균형이 깨진 상태를 질병이라고 생각했습니다. 이 관점을 바로 체액병리학이라고 부릅니다. 당시 의사가 할 일은 우리 몸의 자연치유력을 강화하여 흐트러진 체액의 불균형을 바로잡는 것이었습니다. 여기엔 주로 식이요법이나 약용식물을 이용한 치료법이 사용되었습니다. 이런 방법이 마땅하지 않으면 보다 적극적인 치료법이 고려됩니다. 혈액이 과도하여 아프게 되면 정맥을 잘라 피를 뽑아내는 사혈 瀉血 을, 점액이 과도하면 거담제를, 황담즙이 과도하면 구토제를, 흑담즙이 과도하면 하제 下劑 를 사용했습니다.[5]

히포크라테스의 체액병리학은 관념적인 이론이었지만 2세기 로마의 의사 클라우디오스 갈레노스Claudius Galenus 의 영향으로 1,500년 동안 서양의학을 지배하게 됩니다.[6] 사실 히포크라테스에 대한 정보는 플라톤의《대화The Dialogues 》에 소개된 것을 제외하면 알려진 사실이 거의 없습니다.[7]《히포크라테스 전집Corpus Hippocraticum 》또한 내용의 통일성 등을 고려할 때 히포크라테스가 직접 집필했다고는 보이지 않지요. 후대에 그에 대한 일화나 전설이 재구성되면서 이상적인 의사의 이미지로 자리 잡은 면이 있습니다.

히포크라테스가 최초로 구체화한 자연적 질병관은 의사가 환자의 몸에 집중하도록 만들었습니다. 하지만 체액병리학의 관점에서 해부학적 지식은 큰 의미를 가질 수 없었습니다. 인체 해부가 금지되고 대부분의 시체를 화장한 이유도 있었지만, 무엇보다도 체액의 조화와 균형이라는 관점에서 질병이 생기는 이유와 치료법을 제시했기 때문이지요. 따라서 체액병리학은 자연적 질병관을 바탕으로 했지만, 잘못된 방향으로 사람들의 생각을 이끌고 발전과 혁신을 저해하는 결과를 가져왔습니다. 세계를 이해하는 관점과 방식이 얼마나 중요한지 보여주는 역사입니다.

해부학은 어떻게
예술을 의술로 바꾸었나?

생명체의 구조와 기능에 관한 연구는 의학적으로 중요해 보이지만 체액병리학의 영향으로 인해 의학적 기여와는 무관하게 전개되었습니다. 생물학 지식은 사실 고대 그리스 시대부터 동물 생체해부vivisection 연구를 거쳐 체계적으로 축적되었습니다.[8] 알크메온Alcmaeon, 아리스토텔레스, 프락사고라스Praxagoras 등은 동물의 몸을 해부하여 장기의 구조를 관찰하고 기능이나 목적을 추정했습니다.

　　기원전 4세기 무렵 학문의 중심지였던 이집트의 알렉산드리아에서는 사형수의 시체를 해부하는 것이 일시적으로 허용되었습니다.[9] 이 시기 헤로필로스Herophilos와 에라시스트라토스Erasistratus는 인체 해부 연구를 활발히 진행했습니다.[10] 특히 에라시스트라토스는 시체를 부검하여 질병이 장기의 국소적 변화를 일으킨다는 사실도 알아냈습니다. 이는 오늘날 주류 패러다임인 해부병리학적 관점이 제시된 것이었지만 히포크라테스의 체액병리학이 위세를 떨쳤으므로 에라시스트라토스의 노력은 큰 영향을 미치지는 못했습니다.

　　갈레노스는 로마뿐 아니라 근대 이전 시대를 대표하는 의사로 히포크라테스의 이론에 더해 동물 해부에서 유추한 지식을 바탕으로 의학 이론 체계를 세웠습니다.[11] 이후 "이미 있던 것이 후에 다시 있겠고 이미 한 일을 후에 다시 할지라 해 아래에는 새것이 없나니……"라는 〈전도서〉의 한 구절처럼 새로운 것이란 없다고 생각했던 중세시대에는 새로운 발견과 학문의 발전이 지체되었습니다. 더군다나 온전한 신체에서 영혼이 부활한다고 믿었던 기독교 전통에서 인체 해부는 쉽게 허용되지 않았지요.

하지만 12세기에 들어서면서 볼로냐와 피렌체 등지에서 인체 해부에 대한 금기가 풀렸습니다.[12] 1482년 교황 식스투스 4세 Sixtus IV 는 처형당한 범죄자나 신원 미상의 시체를 의사와 예술가에게 해부용으로 제공하도록 하는 칙서도 반포했습니다.[13] 르네상스 시대의 지식인 레온 바티스타 알베르티 Leon Battista Alberti 는 사람과 동물을 적절히 묘사하려면 내부를 이해하는 것이 중요하다고 강조하며, "동물의 뼈를 각각 분리하고, 그 위에 근육을 붙이고, 그 모든 것 위에 피부를 덮어라."라고 말하기도 했습니다.[14]

알베르티의 영향을 크게 받은 레오나르도 다빈치도 "화가는 훌륭한 해부학자일 필요가 있다. 그래야 인간의 나체 골격을 설계하고 힘줄, 신경, 뼈, 근육의 구조를 알 수 있다."라고 말했습니다. 또 해부는 이단적 행위가 아니라 신의 작품을 잘 이해하는 방법이라고 생각했지요. "당신의 발견이 다른 사람의 죽음을 통해 이루어진다는 사실에 괴로워해서는 안 된다. 오히려 창조주께서 그런 탁월한 수단을 제공해 주심에 감사해야 한다."라고 자신의 노트에 적어놓기도 했습니다.

4-2 야코포 베렝가의 해부학 도면, 1520년경

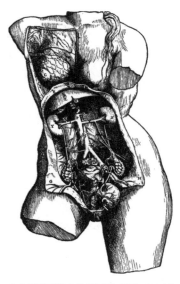

4-3 베살리우스의 해부학 도면, 1543년

이런 지적 분위기의 변화는 근대 해부학의 아버지라 불리는 안드레아스 베살리우스Andreas Vesalius가 등장할 수 있는 자양분이 되었습니다. 더군다나 베살리우스는 당시 가장 부유하고 학문의 자유와 열정이 넘쳐흘렀던 베네치아의 파도바 대학에 있었기에 혁신적인 해부학 연구를 시행할 수 있었습니다. 1543년 베살리우스는 티치아노 베첼리오 Tiziano Vecellio의 제자인 얀 스테펜 반 칼카르Jan Steven van Calcar의 도움으로 해부학 저서《인체의 구조에 관하여 De Humani Corporis Fabrica》를 발표했습니다. 베살리우스 해부학의 위대함은 바로 이전 시기에 발표된 해부학 도면과 비교해 보면 금방 드러납니다.그림 4-2, 4-3

베살리우스의 해부학은 우리 몸의 생물학적 구조를 아주 정교하게 포착해 낸 결과였습니다. 이에 따라 갈레노스의 이론 체계에 오류가 많다는 사실이 드러나게 되었습니다. 갈레노스의 권위에 균열을 일으키는 데에 결정적 역할을 한 거지요.[15] 베살리우스의 해부학은 근대 의학의 탄생을 알렸을 뿐만 아니라 환원주의에 근거한 생물학적 지식 체계가 형성되는 출발점이 되었습니다. 또한 인체 장기의 구조적 특징을 바탕으로 질병의 원인을 과학적으로 밝히려는 시도가 이어질 수 있는 여건을 제공했습니다.

질병이 장소에 놓이다

베살리우스를 배출한 파도바 대학의 자유로운 학문적 전통은 대학의 모토인 '파도바의 자유, 그 누구에게나, 그리고 모두를 위해Universa Universis Patavina Libertas'에 잘 드러나지요. 파도바 대학은 15세기에서 17세기까지 유럽 학문의 중심지였습니다.[16] 18세기에 접어들어 쇠락의 길을 걸었지만, 그래도 무시할 수 없는 저력을 갖고 있었습니다. 이 파도바 대학에서 히포크라테스와 갈레노스의 체액병리학적 이론 체계에 결정적인 타격을 주는 일이 벌어진 것입니다.

그 주인공은 조반니 바티스타 모르가니 Giovanni Battista Morgagni 였습니다. 모르가니는 이른 나이에 교수가 되어 해부학 지식과 부검 경험을 풍부하게 쌓은 사람이었습니다. 이 시기 이탈리아에서는 사후 부검이 널리 허용되고 있었습니다. 1679년 테오필루스 보네투스 Theophilus Bonetus 는 부검 소견과 임상 증상을 연결하여 병의 숨은 원인을 찾으려고 한《부검 실례 Sepulchretum sive Anatomica Practica 》를 저술하기도 했습니다.[17] 하지만 잘못된 인용, 잘못된 해석, 부정확한 관찰 때문에 다른 학자에게 큰 영향을 끼치지 못했습니다.

모르가니는《부검 실례》의 결함을 바로잡기 위한 연구를 시작했습니다. 먼저 환자 700여 명을 대상으로 생전에 관찰된 임상 소견과 사후에 드러난 부검 소견의 관련성을 조사했습니다.[18] 전문성과 경험을 바탕으로 정보를 자세히 정리하고 종합한 결과, 79세가 되던 1761년에 모르가니는《질병의 장소와 원인에 관한 해부학적 연구 De sedibus et causis morborum per anatomen indigatis 》를 발표할 수 있었습니다. 이 책에서 모르가니는 질병이 특정 장소에 자리 잡고 있으며, 특정 장소인 장기가 손상되면서 질병이 발생한다고 주장했습니다.

질병이 장기에 자리 잡고 있음을 알아차린 모르가니는 "증상은 고통받는 장기의 비명이다."라고 표현했습니다.[19] 19세기 이탈리아 병리학자 프란체스코 푸치노티 Francesco Puccinotti 는 "모르가니가 발견한 모든 해부학적 발견에 그의 이름이 붙는다면 아마도 인체의 3분의 1은 모르가니의 이름이 붙여 불릴 것이다."라는 말로 모르가니에 대한 찬사를 아끼지 않았죠.[20]

　모르가니의 연구는 생물학적 구조에 바탕을 둔 근대적 병리학, 즉 해부병리학의 탄생을 알리는 일이었습니다. 이로 인해 질병의 발생 원인과 기전을 이해하는 방식에 대전환이 일어났습니다. 체액병리학에서 해부병리학으로, 질병을 설명하는 이론의 패러다임이 바뀐 거지요. 이는 질병의 진단과 치료 분야에서 혁명적인 발전이 일어나는 계기가 마련되었습니다.[21] 또한 생물학적 방법으로 질병의 기전을 탐색하고 분석하는 작업의 발판을 제공했습니다.

의학을 왜 불확실성의 과학이자
확률의 예술이라 했을까?

연구장비는 주관적 경험을 객관적으로 확인해주는 도구일 뿐만 아니라 새로운 발견을 하는 데 매우 중요한 수단입니다. 또한 연구자의 감각 경험의 범위를 확장해 이전에는 파악할 수 없었던 부분까지 관찰하거나 측정할 수 있게 해줍니다. 그렇다면 생물학의 발전에 큰 영향을 미친 연구장비는 어떤 것이 있을까요? 현미경을 빼놓기는 어려울 것 같습니다. 현미경 덕분에 눈으로 볼 수 없는 미시 세계를 과학연구의 영역으로 포섭할 수 있었기 때문입니다.

17세기 영국 왕립학회에서 실험 큐레이터를 맡았던 로버트 훅 Robert Hooke 은 현미경이 시각적 환상을 불러일으킨다는 오해를 잠재웠고 최초로 세포를 관찰했습니다.[22] 얼마 뒤 미생물학의 아버지로 불리는 안톤 판 레이우엔훅Anton van Leeuwenhoek 은 본인이 직접 제작한 현미경으로 박테리아를 최초로 관찰했습니다.[23] 현미경을 활용한 관찰 결과가 쌓이면서 세포가 생명을 구성하는 최소단위라는 사실을 알아낼 수 있었습니다. 또한 눈에 보이지 않는 박테리아나 세균이 감염병을 일으킨다는 것도 밝혀낼 수 있었지요.

현미경 기술이 없었더라면 윌리엄 하비William Harvey가 밝힌 혈액이 우리 몸을 순환한다는 사실도 쉽게 받아들이기 어려웠을 거예요. 1628년 윌리엄 하비는 혈액순환설을 발표하여 갈레노스의 이론을 반박했습니다. 하지만 혈액이 순환하는 구조적 원리를 밝혀내지 못했기에 비판도 만만치 않았습니다. 그러던 차에 마르첼로 말피기Marcello Malpigh가 현미경을 이용하여 개구리의 허파에서 동맥과 정맥을 연결하는 모세혈관을 발견했습니다. 관찰 결과가 뒷받침되자 하비의 이론은 받아들여질 수 있었죠.

현미경 덕분에 질병의 장소 또한 더욱 미시적으로 내려갈 수 있었습니다. 마리 프랑수아 사비에르 비샤Marie François Xavier Bichat는 같은 장기라도 장기를 구성하는 어떤 조직이 손상되느냐에 따라 서로 다른 질병이 생기므로 질병의 장소는 조직이라고 주장했습니다.[24] 비샤는 "질병을 많이 관찰하고 시신의 내부를 볼수록 복잡한 장기가 아니라 조직의 측면에서 국소 질환을 고려해야 할 필요성을 더욱 확신하게 될 것이다."라고 말했습니다. 장기병리학에서 나아가 더욱 미시적 수준에서 질병을 탐구하는 조직병리학이 탄생한 것입니다.

이어 루돌프 피르호Rudolf Virchow는 질병의 장소를 세포 수준까지 내려가게 합니다. 피르호는 "모든 세포는 세포로부터 나온다.omnis cellula e cellula"라는 유명한 주장을 할 정도로 세포 연구를 중요하게 생각했습니다.[25] 피르호는 모든 질병이 정상 세포가 변화하기 때문에 생겨난다고 주장했습니다. 피르호의 노력으로 조직을 이루는 세포가 바로 질병의 장소라는 세포병리학 이론이 등장할 수 있었습니다. 피르호

는 암을 가리켜 세포의 질병이라고 부르기도 했습니다.[26]

　20세기에 들어 라이너스 폴링 Linus Pauling 은 1949년 저명학술지 《사이언스》에 〈겸상 적혈구 빈혈, 분자질환 Sickle cell anemia, a molecular disease 〉이라는 제목의 논문을 발표했습니다. 겸상 적혈구 빈혈이 발생하는 원인이 '헤모글로빈'이라는 단백질의 구조가 변형되기 때문임을 밝힌 논문이었지요. 이로 인해 논문의 제목 그대로 분자의학의 시대가 열리게 되었습니다. 이후 단백질의 구조 변형은 유전자의 돌연변이에 의해 일어나는 것임이 밝혀졌습니다. 장기로부터 조직을 거쳐 세포 수준까지 내려온 질병의 장소가 유전자 수준까지 다다른 것입니다.

　히포크라테스에 의해 초자연적 질병관이 자연적 질병관으로 바뀌게 된 이후, 인체의 생물학적 구조에 대한 지식이 쌓이고 현미경 기술이 발전함에 따라 질병을 이해하는 방식에서 새로운 전환점을 맞이하게 되었지요. 이어 모르가니, 비샤, 피르호의 노력으로 질병의 미시적 이해가 가능해졌습니다. 이로 인해 질병을 생물학적으로 이해할 수 있는 토대가 마련되었고 이제 그 토대 위에서 의학의 혁신이 끊임없이 일어나고 있습니다. 현대 의학의 아버지 윌리엄 오슬러 William Osler 는 "의학은 불확실성의 과학이자 확률의 예술이다."라고 말했지만, 생물학과 굳게 결합한 의학은 점점 불확실성을 줄이고 예측 가능성은 높이고 있습니다.

정밀의학의 현주소, 장소에서 정보로

20세기 이후 질병에 대한 이해가 깊어지면서 질병 퇴치에 대한 낙관적 기대와 열망 또한 고조되었습니다. 1936년 노벨 생리의학상 수상자 헨리 핼릿 데일 Henry Hallett Dale 이 1950년 《영국의학저널 British Medical Journal 》에 발표한 '의료 치료법의 발전'이라는 논문에서 이 같은 기대가 잘 드러나지요. 데일은 "이 위대한 움직임의 시작을 지켜볼 수 있었던 우리는 이 시대를 살아온 것이 기쁘고 자랑스러울 것이다. 더 넓고 웅장한 발전이 이제 열린 50년을 살아가는 사람들에게 보일 것으로 확신한다."라고 찬사를 보냈습니다.[27]

페니실린의 개발은 일반 국민이 직접 체감할 수 있는 대표적인 연구 성과였습니다. 이어 스트렙토마이신 streptomycin 이 발견되자 인류는 결핵의 공포로부터 해방되기 시작했습니다. 게다가 폴리오바이러스 백신 개발이 성공하면서 소아마비의 위험으로부터도 벗어날 수 있게 되었죠. 뿐만 아니라 당뇨병과 악성빈혈을 치료할 수 있는 수준에 올라섰으며, 암 진단과 수술 및 방사선 치료 방법은 크게 개선되었습니다. 항정신성 약물인 클로르프로마진이나 항우울증 치료제인 이미프라민이 개발되어 정신 작용마저 화학적으로 통제할 수 있게 되자 질병 치료에 대한 낙관적 기대는 한층 더 높아졌습니다.

최근 빅데이터와 인공지능 기술이 발전하면서 질병을 이해하는 방식이 크게 달라지고 있습니다. 개인의 유전 정보, 생활습관 정보, 임상 정보 등을 결합하여 질병을 정밀하게 진단 및 예측하고 그에 따라 최적의 치료 방법을 선택할 수 있게 된 겁니다. 바로 '정밀의학'이 등장한 거지요. 이미 몇몇 암의 경우 유전자 변이에 따라 최적의 항암제를 선택하여 환자를 치료하고 있습니다. 정밀의학은 질병을 장소적 측면보다 정보라는 측면에서 바라보는 의학이라고도 말할 수 있겠네요. 새로운 패러다임이 자리를 잡아가는 중인데, 과학의 발전이 이러한 변화를 얼마나 가속할지 흥미롭게 지켜볼 대목입니다.

하지만 질병을 더욱 잘 이해한다고 해서 그 이해가 의학의 발전으로 쉽게 이행될 거라고 막연히 기대하거나 믿을 수는 없습니다. 기초연구를 통해 얻은 지식이 축적된다고 해서 저절로 유용한 응용으로 이어지는 건 아니기 때문이지요. '기초에서 응용'이라는 모델은 지배적인 연구 패러다임으로, 기초연구를 확장하면 임상적 응용으로 이어져 혁신의 빈도가 증가할 거라는 가정입니다. 하지만 기초연구 결과가 치료 성과로 이행되는 데 실패하는 사례가 늘어나면서 이러한 가정은 부분적으로만 타당하다는 것이 점점 더 명백해지고 있습니다.[28]

왜 기초연구의 성과가 임상 현장으로 잘 연결되지 않을까요? 과학 지식은 여전히 불완전하고 불확실할 뿐만 아니라 우리는 아직 모르는 것이 너무나도 많기 때문입니다. 지식과 기술이 더욱 축적되어야 임상에서의 응용이 원활해질 것으로 보입니다. 그러면 실험 모형과 임상 현장 사이의 간극도 점점 메워지겠지요. 우리에게 필요한 것은 화려한 미사여구가 아니라, 꾸준하면서도 절제된 기다림 속에서 진지한 자세로 연구에 몰두하는 일이지 않을까요?

5

몸을 기계로 갈아 끼우면
어디까지 나일까?

: 장기

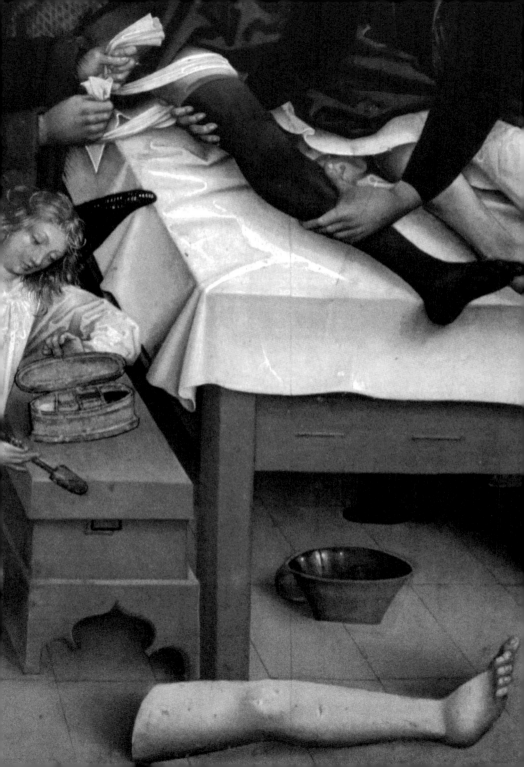

사람 머리만 떼어내도
다시 살아날 방법이 있을까?

미국 메이저리그의 마지막 4할 타자로 유명한 테드 윌리엄스Ted Williams
는 사망 직후 생전보다 더 큰 화제가 되었습니다. 머리와 몸을 분리해
서 알코어 생명연장재단Alcor Life Extension Foundation에 냉동 보존했다는
사실이 알려졌기 때문이지요. 윌리엄스는 언젠가 머리 이식이 가능해
지면 다른 사람의 몸을 빌려 다시 살아나길 원했던 것 같습니다. 러시
아의 SF 작가 알렉산드르 벨랴예프Alexander Belyaev의 소설《도웰 교수
의 머리》에 묘사된, 몸 없이 머리만 살아 있는 도웰 교수의 모습이 떠
오릅니다. 머리만 떼어내 생명을 유지하거나 머리를 이식하는 일이 소
설 밖에서 실현될 수 있을까요?

2015년 5월 이탈리아의 신경외과 의사 세르지오 카나베로Sergio
Canavero는 희귀병을 앓는 러시아의 컴퓨터 프로그래머 발레리 스피리
도노프Valery Spiridonov의 머리를 건강한 신체 기증자의 몸에 이식하겠다
는 계획을 발표했습니다. 일명 '프랑켄슈타인 수술'이라 비판받았던 머
리 이식 계획은 비용 문제와 스피리도노프의 개인적 문제로 인해 수포
가 되고 말았습니다. 2017년 카나베로는 다시 이슈의 중심에 섰습니

다. 중국 하얼빈 의대의 런샤오핑任曉平과 함께 시신의 머리를 이식하는 데 성공했다고 발표하면서 다시 논란을 불러일으켰기 때문입니다.[1] 하지만 과학계는 머리 이식을 성공했다고 볼 수 있는 근거가 너무 빈약하다고 하면서 매우 회의적으로 반응했죠.

머리 이식은 기술적 문제에 대한 논쟁뿐만 아니라 철학적, 윤리적, 법적 논쟁을 피할 수 없습니다.[2] A의 머리를 B의 신체에 이식하는 데 성공한다면 그 사람은 A라고 봐야 할까요? 아니면 B라고 봐야 할까요? A나 B에게 배우자와 자녀가 있다면 법적으로 누구의 배우자와 자녀가 되는 걸까요? 건강보험은 A의 기록에 근거해 적용해야 할까요? 아니면 B의 기록에 근거해 적용해야 할까요? 논쟁의 시작은 사실 머리를 중심으로 생각하는 것이 편견인지 아닌지를 정리하는 데서부터 출발해야 하지 않을까 싶네요.

머리뿐만 아니라 장기이식은 기술적, 윤리적 문제를 떠나 심각한 문제점이 하나 있습니다. 현실적으로 장기 기증이 충분해야 한다는 전제가 필요하다는 점입니다. 이 문제를 극복할 대안으로 줄기세포 등 인체 세포를 활용하는 세포치료, 유전자치료, 조직공학치료 기술이 주목받고 있습니다. 인체의 구조와 기능을 회복 또는 재생시키는 이 치료 기술들을 '첨단재생의료'라고 부릅니다. 3D 바이오프린팅 기술을 이용하여 인공장기를 만드는 시도도 활발하게 연구되고 있고요.[3] 아직 그 활용이 제한적이지만, 줄기세포와 관련된 지식의 축적과 기술의 발전이 얼마나 급격히 진전될지 흥미로운 한편 걱정스런 마음이 드는 건 왜일까요?

세포에서 조직으로, 장기에서 기관으로

우리 몸은 기관 계통organ system, 기관 또는 장기organ, 조직tissue, 세포 cell로 나뉩니다. 이는 '분할해서 정복하라divide and conquer'는 환원주의 적 관점을 바탕으로 분류한 거지요. 과학은 대부분 단순한 하위 수준 을 이해하여 복잡한 상위 수준의 현상을 설명하는 환원주의적 방식을 취합니다. 오늘날의 생물학은 세포보다 더 낮은 수준으로까지 내려가 유전자나 단백질 같은 생체분자를 중심으로 생명현상을 이해하려고 노력하고 있습니다. 우선 세포, 조직, 장기, 기관 계통이 무엇인지 살펴 봅시다.

세포는 생명체의 특성을 지닌 기본 단위입니다. 세포를 가리키 는 영어 단어 'cell'은 로버트 훅이 1665년 출간한《마이크로그라피아 Micrographia》에서 처음 사용한 용어입니다. 훅은 얇게 자른 코르크를 현 미경으로 관찰하던 중 무수히 많은 작은 방 모양의 구조를 발견하고, 이 구조에 'cell'이라는 이름을 붙였습니다. 원래 이 말은 수도원의 작 은 방을 가리켰는데, 처음 발견한 미세구조의 이해를 돕기 위해 은유 적으로 표현한 것입니다. 전통적인 형태적 혹은 기능적 관점에서 우리 몸에 200개 이상의 서로 다른 종류의 세포가 존재한다고 보고 있습니 다. 이와 달리 분자 수준에서 접근하면 우리 몸을 이루는 모든 세포는 서로 다를 정도로 매우 다양합니다.

조직이란 규칙적으로 배열되고 상호작용하여 특정 기능을 수행 하는 세포 집단을 말합니다.⁴ 우리 몸을 이루는 장기는 서로 구조와 기 능이 다르지만 모두 네 종류의 조직으로 이루어진다는 공통점이 있습니다. 우선 상피조직은 신체의 표면, 내장 기관의 바깥면, 분비관의 내면, 또는 체내 공간의 내면을 덮고 있는 조직입니다. 결합조직은 세포와 당단백질로 구성된 그물 모양의 세포외기질extracellular matrix로 이루어져 주로 다른 세 종류의 조직을 구조적으로나 기능적으로 지지하고 있습니다. 근육조직은 수축성 세포로 구성되어 신체 각 부위의 운동을 담당하는 조직입니다. 마지막으로 신경조직은 체내외로부터 신호를 인식하고 전달하고 통합하여 신체의 기능을 조절하는 조직입니다.

장기는 다세포생물의 몸을 구성하는 단위로서, 몇 가지 조직이 통합적 구조를 이루어 특정 기능을 나타내는 구조물을 말합니다. 위와 소장은 모두 상피조직, 결합조직, 근육조직, 신경조직으로 구성되어 있지만 각 조직을 이루는 세포의 종류와 배열이 다르므로 서로 다른 기능이 나타납니다. 현재 78여 종류의 장기가 우리 몸에 존재한다고 알려져 있습니다. 하지만 장기를 정의하는 확실한 기준이 없으므로 학문적 관례에 따르는 경우가 많습니다.

기관 계통이란 하나 이상의 기능을 수행하기 위해 여러 장기가 모인 생물학적 시스템을 뜻합니다. 따라서 하나의 기관 계통은 여러 장기로, 장기는 다시 여러 조직으로, 조직은 다시 여러 세포로 구성되는 계층적 구조를 형성하고 있지요. 우리 몸에는 열한 종류의 기관 계통이 존재하며 각기 고유한 구조와 기능 및 조절 기전을 가지고 있습니다. 열한 개의 기관 계통으로는 호흡계통, 소화계통, 순환(심혈관)계통, 비뇨계통, 외피계통, 뼈대계통, 근육계통, 내분비계통, 림프계통, 신경계통, 생식계통이 있습니다.

　　장기를 이루는 조직이나 세포의 손상이 심하여 기존의 치료 방법
으로 회복하기 힘든 상태에 이르면 건강한 장기로 대체해야 하는 상황
이 벌어집니다. 오늘날 신장 이식, 간 이식, 심장 이식, 폐 이식 같은 말
은 낯설지 않습니다. 1997년 〈페이스 오프Face/Off〉에 등장한 당시만 해
도 SF 같았던 안면 이식도 상당히 현실화되었고, 뇌 이식 이야기도 종
종 언론매체에 등장합니다. 이처럼 장기이식은 비교적 최근에 성공을
거두었지만, 그 상상의 역사는 훨씬 오래되었죠. 실제 이식했다는 기록
은 고대 이집트까지 거슬러 올라갑니다.

인류는 왜 오래전부터
이식을 꿈꿔왔을까?

기원전 1,550년경 작성된 《에버스 파피루스Ebers Papyrus 》에서는 화상을 치료하는 방법으로 피부 이식을 언급하고 있습니다.[5] 기원전 600년경 인도의 외과의사 수슈루타Sushruta 는 피부 이식을 포함한 성형수술을 실행했다고 해요.[6] 일찍이 인도에서는 손상된 코를 복원하기 위해 팔 위쪽에서 피부를 떼어내 코에 이식하는 시술을 했습니다. 이렇게 코를 재건하는 수술 방법은 16세기 이탈리아의 의사 가스파레 타글리아코치Gaspare Tagliacozzi 의 《이식을 통한 결손의 수술적 복원에 관하여De Curtorum Chirurgia per Insitionem 》의 삽화에서도 묘사되어 있습니다.[7] 그림 5-1

자가이식이 아닌 동종이식의 성공 사례는 20세기 초까지 찾을 수 없었습니다.[8] 자가이식이란 자기 몸의 한 부위를 다른 부위로 옮기는 것을 가리키며, 동종이식이란 다른 사람으로부터 장기를 이식받는 것을 뜻합니다. 우리나라에서 동종이식은 1969년 최초로 신장 이식이 성공한 이래 1988년에 간 이식, 1992년에 췌장 이식과 심장 이식, 1996년에 폐 이식이 차례로 성공했습니다. 장기이식이 성공한 건 비교적 최근의 일이지만 장기이식에 관한 전설이나 기적을 다룬 이야기는

5-1 가스파레 타글리아코치가 1597년에 출간한
《이식을 통한 결손의 수술적 복원에 관하여》에 나오는 삽화

오래전부터 전해졌습니다. 장기이식을 실현할 기술이 개발되기 훨씬 전부터 인류는 꾸준히 상상해왔던 거지요.

기원전 1만 5,000년경 프랑스 남부의 라스코Lascaux 동굴 벽화에 그 상상력의 흔적이 남아 있습니다.그림 5-2 새 머리를 한 사람이 창에 찔린 들소 앞에서 두 팔을 벌리고 있는 모습이 보입니다. 새가 하늘과 땅을 이어주는 동물이라는 점에서 아마도 벽화 속 인물은 이러한 이미지를 구축하거나 활용하려 했던 주술사나 부족의 지도자로 보입니다. 그뿐 아니라 새는 일종의 토템으로서 사회적 결속과 연대를 강화하는 문화적 상징일 수도 있습니다. 고대 사회에서 신화의 토대였던 토템에 상상력을 더해 반인반수와 같은 존재가 만들어졌을 것입니다.

5-2 라스코 동굴 벽화에 등장하는 새 머리를 한 사람과 들소,
기원전 1만 5,000년경

메소포타미아 문명의 라마수Lamassu 또한 대표적 사례입니다.그
림 5-3 사르곤 2세Sargon II의 왕궁 앞에 세워졌던 라마수는 아시리아 제
국을 지키는 혼성 수호신으로 사람의 머리, 독수리의 날개, 황소의 몸
을 지녔습니다. 사람처럼 지혜롭고 독수리처럼 용맹스러우며 황소처
럼 성실하면 수호신으로서 더할 나위가 없지요. 라마수는 한때 국제이
종장기이식협회International Xenotransplantation Association 의 로고로도 사용된
적이 있습니다.[9]

라마수처럼 서로 다른 개체가 섞여 하나의 개체가 된 것을 '키메
라chimera '라고 부릅니다. 오늘날 생물학에서는 하나의 개체 안에 서로
다른 유전형을 가진 세포가 함께 존재하는 경우 키메라라고 일컫습니
다. 키메라는 원래 그리스 신화의 '키마이라Chimaera '에서 유래된 용어

5-3 사람 머리에 독수리의 날개와 황소의 몸을 지닌 라마수,
기원전 713년경, 파리 루브르 박물관

입니다. 호메로스의 《일리아드》에 등장하는 키마이라는 사자의 머리,
염소의 몸통, 뱀의 꼬리로 이루어진 괴물로 묘사됩니다. 이와 달리 헤
시오도스Hesiodos의 《신통기 Theogony》에 등장하는 키마이라는 세 개의
머리(사자, 염소, 뱀)를 가진 괴물로 묘사되지요.[10]

그리스 신화는 키메라의 보고라고 말해도 손색이 없습니다.[11] 키
마이라 말고도 많은 반인반수가 등장하지요. 예를 들면 아테네를 세
운 전설적인 왕으로 하반신은 뱀 모습인 케크롭스, 포세이돈과 암피트
리테 사이에서 태어난 아들로 하반신은 물고기 모습인 트리톤, 사자
의 몸에 사람 머리가 달린 스핑크스, 바다의 요정으로 아름다운 여성
의 얼굴에 독수리 몸을 가진 세이렌, 상반신은 사람이고 하반신은 말
의 모습을 한 켄타우로스, 사람 몸을 지니고 얼굴과 꼬리는 황소의 모

습을 한 미노타우로스 등 셀 수 없이 많습니다.

기원전 12세기경 산스크리트어로 기록된 인도의 신화에도 장기 이식이 떠오르는 이야기가 있습니다.[12] 신화에 따르면 힌두의 신 시바가 잠시 자리를 비운 사이 시바의 아내인 파르바티가 가네샤를 낳았습니다. 가네샤는 태어나자마자 너무 빠르게 자라게 되지요. 외출 후 돌아온 시바는 파르바티와 함께 있는 가네샤가 자기 아들인 줄 모르고 그만 머리를 베어 죽이고 말았습니다. 이에 파르바티는 시바에게 가네샤를 되살려 놓지 않으면 우주를 파괴하겠다고 엄포를 놓았습니다. 하지만 머리를 구할 방법이 없었던 시바는 어쩔 수 없이 근처에 있던 코끼리의 머리를 잘라다가 가네샤를 되살려냈습니다. 이 때문에 가네샤는 사람 몸에 코끼리 머리를 한 신이 되었습니다.

신화 속 이야기는 늘 우리의 상상력을 자극합니다. 그리고 과학 지식과 기술이 합쳐지면 상상 속의 이야기는 현실이 됩니다. 소설가이자 미래학자 아서 클라크Arthur Charles Clarke 가 "충분히 발달한 과학 기술은 마법과 구별할 수 없다."라고 말했듯 말입니다.

외과 수술의 기원, 검은 다리의 기적

장기이식에 대한 상상력을 자극하는 이야기는《황금 전설Legenda Aurea 》에 실린 성 코스마스와 다미안Saints Cosmas and Damian 의 전설에서도 엿볼 수 있습니다.[13] 1260년에 출간된《황금 전설》은 야코부스 데 보라지네Jacobus de Voragine 가 오랫동안 전해 내려오던 성인의 삶, 신앙, 전설, 기적에 관련된 이야기를 모은 책으로 중세시대에《성경》다음으로 많이 읽히고 영향을 끼쳤습니다.

《황금 전설》에 따르면 코스마스와 다미안은 쌍둥이 형제로, 터키와 시리아 사이에 있었던 킬리키아에서 태어났습니다. 쌍둥이 형제는 의술을 배운 뒤 무료로 의술을 베풀었기 때문에 '돈이 없다'라는 뜻의 그리스어 '아나그로이 anargyroi'라는 별칭을 얻었습니다.[14] 두 형제는 287년 기독교를 박해했던 황제 디오클레티아누스 Diocletianus 의 손에 참수를 당하고 말았는데요. 이후 환자가 잠든 사이 나타나 병을 낫게 해준다는 믿음이 퍼지면서 의학의 수호성인으로 추앙받았습니다.[15] 의술의 신 아스클레피오스에 대한 숭배가 기독교 문화 속에서 수호성인에 대한 숭배와 추앙으로 모습이 바뀐 거지요.[16]

두 성인의 이야기가 널리 퍼진 것은 피렌체의 메디치 가문과 밀접한 관련이 있습니다. 평범한 중산층 가문이었던 메디치가를 역사의 전면에 등장시킨 조반니 데 메디치 Giovanni de' Medici 는 성인의 이름을 따서 작명하던 당시 풍습에 따라 쌍둥이 아들의 이름을 코시모 Cosimo 와 다미아노 Damiano 로 지었습니다. 훗날 국부 칭호까지 얻은 코시모는 4월 11일에 태어났지만 두 성인과 자신의 이미지가 겹쳐지게 두 성인의 축일인 9월 27일에 자신의 생일잔치를 열었습니다. 또한 두 성인을 가문의 수호성인으로 삼았으며, 자신이 후원한 예술가들에게 두 성인을 다룬 작품을 의뢰하여 자신과 가문을 기리도록 했습니다.[17]

그림 속에서 두 성인은 흔히 소변 플라스크를 들고 있는 모습으로 그려졌습니다.[18] 사실 소변의 색깔, 냄새, 맛 등으로 병을 진단하는 소변검사 uroscopy 의 역사는 지금으로부터 6,000년 이상을 거슬러 올라

갈 정도로 오래되었습니다.[19] 그림에서 중세와 르네상스 시대에도 소변검사가 활발히 이루어졌고 의사의 대표적인 상징이었다는 사실을 알 수 있지요. 특히 종교개혁 시기에는 의학의 상징으로 소변 플라스크가 아스클레피오스의 지팡이를 대체할 정도였습니다.[20]

두 성인은 외과의사의 수호성인으로도 유명한데, 이는 《황금 전설》에 나오는 '검은 다리의 기적'이라는 이야기 때문입니다.[21] 산티 코스마 에 다미아노 성당의 한 관리인은 암 때문에 한쪽 다리가 완전히 썩어가고 있었습니다. 그가 잠들었을 때, 두 성인이 약과 수술 기구를 들고 나타나 관리인의 다리를 잘라내고 당일 바티칸 언덕의 묘지에 매장됐던 무어인(이베리아반도의 아랍인)의 다리를 가져와서 교체했습니다.[22] 화보5 신기하게도 이 관리인은 잠에서 깨어난 뒤 아무런 통증 없이 잘 걸어 다닐 수 있게 되었습니다. 이 이야기는 훗날 외과 수술의 사회적 인식을 높이는 데 큰 보탬이 되었습니다.

중세시대 외과 수술을 바라보던 인식은 1163년 투르 공의회 Council of Tours 의 "교회는 피를 싫어한다 Ecclesia abhorret sanguine ."라는 선언에서 잘 드러납니다.[23] 당시 성직자이기도 했던 의사가 손을 쓰는 일을 한다는 것은 격에 맞지 않는 행위, 즉 특권을 포기하는 것으로 간주되었습니다. 13세기 초 외과의사의 역할이 업신여김을 당하자, 파리의 외과의사들은 존경과 권위를 확보하기 위해 코스마스와 다미안을 상징으로 내세운 연맹 Confrérie de Saint-Côme et de Saint-Damien , 즉 길드를 결성하기도 했습니다.

이처럼 성 코스마스와 다미안의 장기이식 전설은 중세시대 이후 사회문화적으로 큰 영향력을 발휘하면서 끊임없이 사람들의 상상력을 자극했습니다. 다만 장기이식이라는 상상력이 실현되기까지는 생물학 지식이 축적되고 외과 수술이 발전할 시간이 필요했지요.

장기이식은 기계의 부품 교환과
무엇이 다를까?

장기이식을 실현하려면 우선 기계론적 관점에서 생명현상을 이해하는 자세가 필요합니다. 장기가 인체를 구성하는 부품이라고 인식해야 장기를 교체할 수 있다는 생각도 가능하기 때문입니다. 이런 인식의 틀 위에서 장기의 기능에 대한 생물학적 지식이 쌓이고 외과 수술 기법이 발전해야만 장기이식을 성공할 수 있겠죠. 특히 출혈을 보충하는 수혈 방법이 뒷받침하지 않으면 외과 수술을 제대로 수행할 수 없습니다.

사실 수혈을 안전하게 할 방법에 대한 고민과 노력에 앞서 수혈을 한다는 생각 자체가 거대한 도전이었습니다. 유럽을 지배했던 갈레노스의 의학 이론에 따르면 혈액은 순환하는 것이 아니라 동맥과 정맥을 타고 신체 끝까지 퍼진 뒤 소모되는 것이었기 때문이지요.[24] 밑 빠진 독에 물 붓기나 다름없는 수혈을 해야 할 이유를 찾기 어려웠던 겁니다. 그래서 수혈이라는 아이디어를 떠올리고 시도하려면, 관점의 대전환이 먼저 이루어져야 했지요.

1628년 윌리엄 하비가 혈관 구조에 관한 지식, 혈액량에 대한 수학적 추산, 실험적 방법을 동원하여 우리 몸의 혈액이 소모되는 것이 아니라 순환된다는 사실을 밝히자 대전환의 물꼬가 트였습니다.[25] 1661년에는 마르첼로 말피기 Marcello Malpighi 가 현미경을 이용하여 모세혈관을 발견함으로써 혈액 순환의 생물학적 기전이 온전히 밝혀지게 되었습니다. 이후 수혈 실험이 급물살을 타기 시작했고 심지어 양이나 염소의 피를 수혈하는 충격적인 사태까지 벌어졌습니다.[26] 화보 6 새로운 발견이 관점의 전환을 유도하는 데는 성공했지만 안전한 수혈이 이루어지기까지 넘어야 할 산이 많았던 것입니다.

20세기에 접어들어 1930년 노벨 생리의학상을 수상한 카를 란트슈타이너 Karl Landsteiner 가 ABO 혈액형을 발견함으로써 현대적 의미의 안전한 수혈이 가능해졌습니다.[27] 혈액형이 다른 사람의 피를 수혈받으면 부작용으로 혈액 응집현상이 발생하는데, 이전에는 이 응집현상을 환자의 질병 문제로 보았죠. 1940년에 이르러 란트슈타이너가 또다른 혈액형 결정인자인 Rh인자까지 밝혀냄으로써 수혈 앞에 놓인 장벽 대부분을 넘어설 수 있었습니다. 수혈의 안전성이 확보되고 항응고 저장액의 개발로 혈액을 오랜 기간 보관할 수 있게 되자, 1936년 미국 시카고의 쿡 카운티 병원에서는 최초로 혈액은행을 창설합니다.[28]

수혈 문제는 해결했지만, 1950년대까지 자가이식과 달리 다른 사람의 조직을 이식하는 동종이식은 대부분 실패하고 말았습니다.[29] 1912년 노벨 생리의학상을 수상한 알렉시 카렐 Alexis Carrel 은 동종이식을 할 때 거부반응이 일어나는 현상을 발견했고, 이어 1960년 노벨 생리의학상을 수상한 피터 메더워 Peter Brian Medawar 는 1944년에 거부반응이 면역학적 기전에 의해 유발된다는 것을 밝혀냈습니다.[30]

이후 방사선 조사나 스테로이드 처치 등 물리 화학적 방법으로 면역기능을 통제하는 데 성공하면서 장기이식은 생물학적 장벽을 뛰어넘기 시작했습니다.[31] 하지만 1980년대 전까지는 면역반응을 만족스러울 정도로 통제하지 못했죠. 1976년 제약회사 산도즈Sandoz 의 장 프랑수아 보렐Jean-François Borel 은 곰팡이에서 분리한 사이클로스포린cyclosporin 이 면역억제 효과를 지닌다는 것을 밝혀냈습니다.[32] 1983년 사이클로스포린이 면역억제제로 미국 식약처FDA 의 사용 승인을 받자, 장기이식의 시대가 본궤도에 오르게 되었습니다.[33]

장기이식이 성공하려면 수술 중 일어날 수 있는 세균의 감염을 억제해야 하며 수술로 인해 발생하는 엄청난 통증도 제어할 수 있어야 합니다. 이러한 문제는 19세기에 접어들어 우연과 과학이 절묘하게 교차하며 해결할 수 있었습니다. 이에 관한 이야기는 책의 뒷부분에서 다시 다루도록 하겠습니다.

색칠한 쥐, 의학의 워터게이트 사건

'색칠한 쥐 사건painting the mice '이라 불리는 희대의 장기이식 실험 스캔들을 소개하면서 이 장을 마무리하려고 합니다.[34] 1974년 터진 이 사건을 두고 《뉴욕 타임스The New York Times 》의 제인 브로디Jane Brody 는 '의학의 워터게이트 사건Medical Watergate '이라고 일컬었지요.[35] 이 사건의 발단은 1971년 윌리엄 서머린William Summerlin 이 미네소타 대학의 저명한 면역학자 로버트 굿Robert Alan Good 교수의 실험실에 합류한 후 로버트 굿과 함께 슬론 케터링Sloan Kettering 암연구소로 자리를 옮기면서 시

작됩니다.[36]

1973년 서머린은 인체 조직을 한 개체에서 다른 개체로, 심지어 다른 종의 다른 개체로 거부 반응 없이 이식할 방법을 발견했다고 발표하여 큰 화제를 모았습니다. 하지만 피터 메더워 연구진을 포함해 다른 연구자들은 서머린의 연구 결과를 재현해내지 못했습니다. 굿의 대학원생인 존 니네먼John Ninneman 조차도 결과를 재현하는 데 실패했습니다. 서머린은 검은 쥐의 피부 조각을 떼어내 흰 쥐에 성공적으로 이식한 실험 결과를 보여주면서 굿을 안심시키려 했습니다. 하지만 흰 쥐의 털을 검은색 펜으로 색칠했다는 것을 알아챈 한 연구원이 이 사실을 폭로하여 서머린의 조작행위가 들통나고 말았죠.

이 사건을 두고 메더워는 "그 스스로 자기가 진리를 말했다는 데에 절대적인 확신이 있었기 때문에 착각에 빠져 심각한 결과를 낳고 말았다."라고 했습니다. 이 문제를 조사한 위원회는 서머린이 흰 쥐의 피부를 펜으로 검게 칠한 것을 시인했다고 밝히면서, 이는 책임 있는 연구 수행에서 어긋난 무책임한 행위라고 결론을 내렸습니다. 또한 위원회는 굿이 서머린의 엉성한 연구 결과를 지나치게 지지한 것도 잘못이라고 비판했습니다. 이렇게 '색칠한 쥐 사건'은 미국에서 대중적으로 크게 주목받은 최초의 데이터 조작 사례로서 '연구부정행위'에 대한 사회적 경각심을 높이는 중요한 계기가 되었습니다.

참고로 현재 우리나라에서는 〈학술진흥법〉과 〈국가연구개발혁신법〉에 '연구부정행위'의 종류와 정의가 나와 있습니다. 연구부정행위의 범위는 나라별로 조금씩 다르지만 위조fabrication, 변조falsification,

표절 plagiarism 은 공통적으로 심각한 연구부정행위로 규정하고 있습니다. 위조는 존재하지 않은 연구 자료를 거짓으로 만든 것을, 변조는 연구 과정과 연구 자료를 인위적으로 왜곡한 것을, 표절은 출처를 밝히지 않고 다른 연구자의 자료 등을 몰래 사용한 것을 말합니다. 우리나라 법에서는 연구 내용의 진실성과는 상관없이 부당한 저자 표시 등도 연구부정행위의 범위에 넣고 있습니다.

오랜 시간 상상으로만 머물렀던 장기이식은 생물학 지식이 쌓이고 의술이 발전하면서 실현되기에 이르렀습니다. 많은 시행착오와 우여곡절, 그리고 희생과 대가를 치르면서 이루어낸 결과였죠. 장기이식의 역사는 특히 오늘을 이해하고 내일의 모습을 그려내는 데, 과거를 되돌아보는 인문학적 성찰이 중요함을 잘 상기시켜 줍니다. 앞서 잠시 살펴보았듯, 단지 기술적 문제뿐만 아니라 철학적·윤리적·법적 논쟁을 피할 수 없기 때문입니다.

6

백신으로 인류를
구할 수 있을까?

: 감염

세계사 격변의 순간마다
어째서 역병이 돌았을까?

1492년 이전의 서구 세계에서는 새로운 지식이란 존재하지 않을 거라는 생각이 지배적이었습니다. 지식의 전승이 중요할 뿐 기존 지식을 검증할 필요가 없었으므로 갈레노스의 잘못된 의학 이론 체계도 공고히 유지될 수 있었죠. 하지만 1492년 크리스토퍼 콜럼버스Christopher Columbus가 아메리카 대륙에 첫발을 내디디며 세계사는 격변의 소용돌이 속으로 빠져듭니다.[1]

아메리카 대륙으로부터 한 번도 보지 못했던 동식물이 밀려들어 왔습니다. '발견'이라는 개념이 널리 퍼짐에 따라 새로운 지식을 확립하는 방식도 생겨났지요. 새로운 동식물을 분류하고, 다른 종과 연관을 찾고, 계통 논쟁을 판결하는 일이 중요해지면서 전문 공동체가 만들어진 데다가 자연사가 독립된 학문 분야로 형성되었습니다. 세상을 바라보는 관점이 바뀌면 기존의 세계에서도 얼마든지 새로운 발견이 가능하다는 것을 일러 주는 계기였습니다.

이렇듯 1492년은 지적 혁명이 시작된 해였지요. 그런데 이런 이야기를 듣다 보면 궁금증이 하나 생깁니다. 왜 콜럼버스는 그토록 인도 항로를 개척하려고 했을까요? 그 이유 중 하나는 냉장 기술이 없었던 시기에 도축한 고기를 오래 보관할 방법이 마땅치 않았기 때문이지요.[2] 15세기경 유럽에서는 고기가 금세 상하는 것을 막으려고 후추를 많이 사용했습니다. 방부 처리를 위해 후추를 사용한 흔적은 고대 이집트의 파라오 람세스 2세Ramesses II 의 미라에서도 발견됩니다. 게다가 후추는 방부 효과뿐 아니라 음식의 맛과 향을 좋게 만들고 소화가 잘되도록 돕기 때문에 인기가 높았습니다.

후추 무역은 막대한 이익을 가져다주는, 즉 황금알을 낳는 거위와 같았습니다. 하지만 아랍의 중간상인이 후추 공급을 거의 독점했으므로 후추 물량을 확보하는 일은 만만치 않았습니다.[3] 후추에 재를 섞어 파는 사람들 때문에 이를 규제할 법이 만들어질 정도였지요. 후추 무역을 독점한 아랍 상인은 유럽에서 쉽게 구하기 어려운 금을 교환 물품으로 요구했습니다. 이러한 상황은 막대한 양의 금을 발견하려는 유럽 사람들의 모험 욕구를 한층 부추겼습니다. 나아가 배를 타고 후추의 원산지인 인도에 직접 갈 수만 있다면 아랍 중간상인에게 비싼 금을 지불하지 않고도 후추를 확보할 수 있을 거라는 기대감이 생기게 되었지요.

이러한 상황은 '헤라클레스의 기둥'이라고 불린 지브롤터 해협 밖으로 항해하기란 불가능하다고 여겼던 당시의 상식을 하나씩 깨뜨렸습니다. 1488년 포르투갈의 바르톨로메우 디아스Bartolomeu Dias 는 아프리카 남단의 희망봉을 통과하는 항해에 성공했습니다. 그러나 아랍 해적이 들끓는 인도양을 통과해 동인도로 가는 것이 어려워지자, 포르투갈과 에스파냐의 탐험가들은 서쪽 항로로 눈을 돌렸지요. 그 뒤 콜럼버스가 서인도 제도를 발견하게 됩니다.

역사상 가장 강력한 병기

역사학자 윌리엄 맥닐 William McNeill 은 《전염병의 세계사 Plagues and Peoples 》에서 인류의 역사가 바로 전염병의 역사라고 강조했습니다. 인류는 새로운 서식지를 개척하고 기후 환경에 적응할 때마다 끊임없이 새로운 전염병과 싸워야 했기 때문이지요. 결국 인류의 끊임없는 이주와 교류가 전염병의 세계화를 불러왔던 셈입니다.

기원전 1만 년경 일부 야생동물의 가축화와 야생식물의 작물화에 성공하면서 정착 생활과 대규모 집단생활이 시작되었습니다. 하지만 인구가 조밀해지면서 가축이 병원균에 감염될 확률이 높아지고 인류는 전염병의 위협을 받게 되었죠. 도시 규모가 점점 커지면서 위생 상태는 더욱 심각해졌습니다. 인류 스스로가 바꾼 환경이 질병의 패턴을 바꾸어놓은 것입니다. 더군다나 상업과 교역의 발달로 사람 간 이동이 빈번해지며 전염병은 더욱 빠르게 번졌고, 그로 인한 피해도 쉽게 퍼졌습니다.

이후 전염병은 역사의 흐름을 바꾸는 데 결정적인 요인으로 작용했습니다. 스파르타가 펠로폰네소스 전쟁에서 아테네를 상대로 승리한 것도 기원전 430년경 아테네에 유행했던 역병의 영향이 매우 컸습니다. 사실 1차 세계대전까지만 해도 전쟁으로 인한 사망보다 전염병에 의한 사망이 훨씬 많았죠. 인류 역사상 가장 큰 영향을 끼친 전염병으로는 14세기 중엽 유럽에서 대유행한 흑사병을 꼽을 수 있습니다. 르네상스 시대 대문호 조반니 보카치오Giovanni Boccaccio 의 작품《데카메론Decameron》은 흑사병을 피해 모인 피렌체 사람들의 이야기를 다룬 책입니다.[4] 흑사병은 당시만 하더라도 낙후된 지역이었던 유럽이 세계사의 모든 부분에 등장하고, 동서양의 흥망성쇠가 뒤집히게 되는 결정적인 계기를 제공했습니다.[5]

십자군전쟁의 여파가 채 가시기도 전에 백년전쟁이 발발하고, 이어 흑사병이 창궐하면서 유럽은 엄청난 변화를 겪습니다. 흑사병으로 유럽 인구의 3분의 1가량인 3,000만 명이 사망했습니다. 이 참상으로 교황과 종교의 권위가 약해지고 봉건제도의 뿌리가 크게 흔들렸지요. 그런데 이런 비극을 바탕으로 새로운 번영의 시기를 맞이하게 되는 아이러니한 상황이 발생했습니다. 인구가 줄어들자 남겨진 재산이 재분배되고 살아남은 사람들의 실질 임금이 오르게 된 겁니다.

또한 사망자가 크게 늘면서 누더기 천으로 만든 옷이나 침구 등이 넘쳐났습니다. 누더기 천은 종이를 만드는 원료였으므로 종이 가격이 크게 떨어졌습니다. 때마침 14세기에 제지기술이 유럽 전역에 퍼졌고, 요하네스 구텐베르크Johannes Gutenberg 의 활판 인쇄술이 보급되어 책값은 내려가고 책을 읽는 계층은 늘어나게 되었습니다. 무엇보다도 인쇄술은 지식을 정확하고 폭넓게 전달하는 기반을 마련했습니다.

이런 격변의 분위기 속에서 이탈리아를 중심으로 도시가 번영하면서 '도시국가'라는 국가 형태가 나타났습니다. 이 도시국가에서 새로운 제도가 정비되고 시민문화가 형성되었습니다. 이탈리아는 지리적으로 동유럽뿐만 아니라 아랍과도 접촉하고 있어서 서유럽과의 징검다리 역할을 하기에 유리했습니다. 이러한 사회적·경제적 토대 위에서 '위대했던 로마의 부흥'이라는 생각 아래 영광스러운 과거를 재현하여 새로운 시대를 열어야 한다는 믿음이 퍼져나갔습니다. 르네상스 미술에서 사용된 원근법은 신의 관점으로 세계를 이해하는 방식에서 벗어나 인간 중심으로 세계를 이해하고 재구성한 것을 보여줍니다.[6]

한편 흑사병은 온전한 신체에서 영혼이 부활한다고 믿었기에 인체 해부를 허용하지 않았던 기독교 전통에도 균열을 일으켰습니다. 1482년 교황 식스투스 4세Sixtus IV는 처형당한 범죄자나 신원 미상의 시체를 의사와 예술가에게 해부용으로 제공토록 허용하는 칙서를 반포했습니다.[7] 사람 몸의 겉모습뿐 아니라 내부 모습까지 재현하려는 화가의 관심은 의사와의 공동 작업으로 이어졌습니다. 이러한 변화는 16세기 베살리우스가 주도한 근대 해부학의 탄생을 예견하는 것이었습니다.[8]

전염병이 바꾼 역사의 가장 대표적인 예로 스페인의 아즈텍과 잉카 제국 정복 이야기도 빼놓을 수 없습니다. 재레드 다이아몬드Jared diamond가 《총, 균, 쇠 Guns, Germs, and Steel: The Fates of Human Societies》에서 다루어 유명해졌지요. 에르난 코르테스는 550여 명의 군사로 아즈텍 제국을, 프란시스코 피사로는 고작 168명의 군사로 잉카 제국을 무너뜨렸습니다. 스페인은 상대 인구의 90퍼센트를 줄였을 정도로 강력한 두창(천연두)이라는 무기가 있었기에 승리할 수 있었습니다. 그동안 잉카나 아즈텍 제국의 사람들은 두창에 한 번도 노출된 적이 없어 면역력을 기를 기회가 없었기에 인명 피해가 매우 심할 수밖에 없었던 것입니다.

전염을 완벽히 차단할
방법이 존재할까?

고대 페르시아에서는 메소포타미아 신화에 등장하는 전쟁과 전염병의 신 네르갈을 숭배했습니다. 고대 이집트에서는 암사자 머리를 한 역병과 파괴의 여신 세크메트를 숭배했습니다. 호메로스의 《일리아드》는 아가멤논에게 분노한 아폴론이 그리스 진영에 역병을 퍼뜨리는 이야기로 시작합니다. 《구약성경》의 〈출애굽기〉에도 여호와가 크게 노여워하여 돌림병을 일으키는 이야기가 있습니다. 우리나라는 처용설화에서 볼 수 있듯 전염병 자체를 신적인 존재라고 생각했지요.

주술적·신화적 관점에서 전염병을 치료하는 방법은 신의 노여움을 풀기 위해 제사를 지내고 기도를 올리는 것이었습니다. 초자연적 세계관에서 벗어나 합리적으로 전염병을 다루기 시작한 것은 고대 그리스 시대로 거슬러 올라갑니다. 기원전 6세기 후부터 고대 그리스에서 질병을 이해하는 관점에 변화가 생겼지요. 피타고라스, 알크마이온, 엠페도클레스 등은 환경이 건강을 유지하는 데 중요하다고 생각했습니다. 물론 그렇다고 해서 전염병을 일으키는 특별한 실체가 있다고까지 생각한 것은 아니었습니다.

히포크라테스는 《공기, 물, 장소에 관하여》에서 부패한 유기물이 만드는 '독기 miasma', 즉 나쁜 공기가 몸에 들어가 병을 일으킨다고 주장했습니다. 갈레노스 또한 독기 때문에 전염병에 걸린다고 생각했지요. 로마 시대의 건축가 비트루비우스는 《건축술에 대해서 De Architectura》에서 습지에서 나오는 안개가 건강을 해친다고 주장했습니다.

나쁜 공기가 병을 일으킨다는 생각은 질병의 이름에도 고스란히 남아 있습니다. 말라리아 malaria 는 이탈리아어로 나쁘다는 뜻의 'mal'과 공기를 뜻하는 'aria'가 합쳐져서 만들어진 용어입니다.[9] 물론 이제는 1902년 노벨 생리의학상을 수상한 로널드 로스 Ronald Ross 의 연구 덕분에 말라리아는 나쁜 공기가 아니라 모기가 옮기는 감염병이라는 사실을 알게 되었지요. 어쨌거나 나쁜 공기를 제거하려는 노력은 공중 위생 상태를 개선하는 것과 연결되므로 전염병 예방에 어느 정도 효과가 있었을 거라는 점에서 나름대로 설득력이 있었습니다.

독기 이론은 중세 이후 인기를 끌었던 점성술과 만나서 전염병의 발생 원인을 설명하기도 했습니다. 프랑스 왕 필립 4세 Philip IV 가 소르본 대학의 의사들에게 흑사병의 원인을 묻자, 그들은 목성, 토성, 화성이 합쳐지는 이상한 행성의 움직임이 대기를 뜨겁게 해서 생긴 독기 때문에 흑사병이 창궐했다고 설명했지요.[10] 15세기 말 이탈리아의 대학에서는 목성과 토성이 부딪친 결과로 매독이 발생한다고 설명했습니다. 전염병의 실체에 접근할 수 있게 된 것은 현미경 기술에 힘입어 눈에 보이지 않는 세계를 볼 수 있게 되면서부터였습니다.

1684년 안톤 판 레이우엔훅은 현미경을 이용하여 최초로 박테리아를 관찰했습니다.[11] 하지만 현미경을 이용한 연구가 제대로 인정받기까지는 상당한 시간이 걸렸습니다. 19세기 중반에 들어서야 병리학자 루돌프 피르호Rudolf Virchow가 "현미경을 이용한 연구는 이제 성공하고 있다."라고 밝힐 정도였죠.[12] 또한 미생물과 질병을 연결해 생각하기란 쉽지 않았습니다. 맨눈으로 보이지도 않을 만큼 작은 생명체가 병을 일으킬 수 있다는 생각은 받아들이기 힘들었습니다. 나쁜 공기때문에 전염병에 걸린다는 생각의 흐름을 뒤집을 만한 결정적인 증거가 없었기 때문이지요.

구체적 증거를 바탕으로 한 것은 아니었지만 지로라모 프라카스트로Girolamo Fracastoro는 1546년 발간된 《전염, 전염병 그리고 치료 Contagion, Contagious Diseases and Their Cure 》에서 일부 전염병은 직접 접촉이나 매개물을 통한 간접 접촉을 통해 생긴다고 주장했습니다.[13] 이후 전염병의 구체적 실체가 밝혀질 때까지 300년 이상의 시간이 걸렸습니다. 루이 파스퇴르Louis Pasteur와 1905년 노벨 생리의학상을 수상한 로베르트 코흐Robert Koch가 탄저균과 결핵균을 발견하여 전염병의 생물학적 기전, 즉 세균병인론을 확립했습니다. 특히 미생물 감염과 전염병의 인과 관계를 정립하기 위해 내세운 '코흐의 가설 Koch's postulates '은 병의 원인을 탐색하고 이해하는 데 크게 기여했습니다. 코흐의 가설을 이루는 네 가지 기준은 다음과 같습니다.[14]

1. 병의 원인으로 의심되는 미생물은 질병을 앓고 있는 모든 개체
   에서 많은 양이 발견돼야 하지만 건강한 유기체에서는 발견

되지 않아야 한다.

2. 미생물은 질병에 걸린 개체로부터 분리되고 순수 배양이 가능해야 한다.

3. 배양된 미생물을 건강한 개체에 접종했을 때 그 질병에 걸려야 한다.

4. 질병에 걸린 숙주로부터 미생물은 다시 분리돼야 하며 처음 발견한 원인 미생물과 같은 것으로 확인되어야 한다.

그렇다고 해서 눈에 보이지도 않는 세균이 병을 일으킨다는 이론이 아무런 저항 없이 하루아침에 받아들여진 것은 아니었습니다. 코흐가 콜레라균을 발견했을 때 막스 폰 페텐코퍼 Max von Pettenkofer 는 세균병인설의 허구를 입증하려고 직접 비커에 가득 찬 콜레라균을 마시고 난 뒤 별다른 증상이 나타나지 않았다고 동료에게 자랑했지요. 물론 페텐코퍼가 몹시 운이 좋았던 겁니다. 그가 어떻게 살아남았는지는 지금까지 미스터리로 남아 있지요.[15]

생물학 지식이 쌓이면서 이제는 바이러스, 세균, 곰팡이, 원충 등 다양한 병원체가 각기 다른 감염 경로와 생물학적 기전을 통해 감염병을 일으키고, 이 중 일부 병원성 미생물은 다른 사람에게로 옮겨가서 전염병을 일으킨다는 사실도 알게 되었지요. 이러한 지식을 바탕으로 예방하고 치료 기술을 개발하여 신속하게 병원체와 싸울 수 있는 무기를 마련할 수 있게 되었습니다.

소독법 발전이 이끈 의학 혁신

질병을 종교적으로 해석하고 대응하는 관점은 중세시대에도 여전히 위세를 떨쳤습니다. 흑사병을 저지하기 위해 성직자가 나서서 기도나 종교행렬을 하기도 했죠. 그렇지만 종교적 해결책 외에 출입 통제나 격리 같은 세속적인 방법도 동원되었습니다. 베네치아의 경우 흑사병이 발생한 지역에서 출발하여 입항하는 배는 모두 격리된 장소에 닻을 내리고, 감염력이 충분히 없어질 때까지 40일 동안 육지와의 접촉을 막았습니다. 이 기간에 환자가 발생하지 않아야 승객은 배에서 내릴 수 있었지요.

오늘날 검역을 뜻하는 'quarantine'이라는 용어는 이 40일을 뜻하는 이탈리아어 'quarantena'에서 유래했다고 볼 수 있습니다.[16] 40일로 정해진 이유는 명확하지 않지만, 기독교에서 예수가 40일간 겪은 고난을 기념하는 사순절이나 전염병에 노출된 후 40일이면 질병이 발생한다는 고대 그리스의 임계일critical days 의 원칙 등에서 유래한 것으로 보입니다.[17]

1854년 현대 역학의 창시자로 불리는 존 스노 John Snow 는 런던 중심가에서 발생했던 콜레라 사태의 원인이 오염된 식수원 때문이었다는 사실을 밝혔습니다. 감염 지도를 그려가며 철저하게 역학 조사한 결과 콜레라로 인한 환자와 사망자가 같은 식수원을 사용하고 있었음을 알아낸 거죠. 스노의 발견은 인구집단에서 건강과 질병에 영향을 미치는 원인 등을 연구하는 데 역학 조사가 중요하다는 것을 각인시켰습니다. 또한 위생과 청결을 유지하는 공중보건이 감염병을 억제하는 중요한 열쇠임을 깨닫게 해주었습니다.

역사학자 데이비드 우튼David Wootton 은 《의학의 진실 Bad Medicine 》
에서 1865년 전까지 의학은 이로움보다 해악이 더 많았고, 지식의 진보
가 치료의 향상으로 이어지는 일도 드물었다고 이야기합니다. 1865년
에는 현대 외과학의 아버지로 불리는 조지프 리스터Joseph Lister 가 정
강이뼈가 부러진 소년에게 처음으로 방부 외과 수술을 시연했지요. 현
미경학자이자 세균학자였던 외과의사 리스터는 석탄산을 이용한 소독
방법으로 세균이 상처에 닿기 전에 무력화했습니다. 리스터의 소독 방
법 덕분에 감염으로 인한 수술 환자의 사망을 크게 줄일 수 있었습니
다. 1865년을 기점으로 세균이 질병을 일으킨다는 과학적 지식이 환자
에게 실질적 혜택으로 돌아온 겁니다.

리스터는 자신의 논문에서 파스퇴르의 세균설을 토대로 소독 체
계를 구축했다고 밝혔습니다.[18] 리스터의 방부 외과 수술이 정말 파스
퇴르에게 영향을 받았는지, 아니면 자신의 발견을 이해시키기 위해 파
스퇴르의 권위에 기댄 건지는 확실하지 않습니다. 사실이 어떻든 파스
퇴르와 리스터의 만남은 과학과 의학의 상호작용이 얼마나 유용한지
잘 보여줍니다. 1892년 12월 27일 파스퇴르의 70번째 생일을 축하하
는 행사에서 리스터와 파스퇴르가 마지막으로 만난 모습은 지금 보아
도 인상적이지요.[19] 그림 6-1

마지막으로 이그나즈 제멜바이스Ignaz Philipp Semmelweiss 의 산욕열
puerperal fever 예방에 관한 흥미로운 연구 사례를 소개하겠습니다. 19세
기에는 산욕열이 병원에 입원한 산모의 10퍼센트 이상을 사망에 이르

6-1 파스퇴르에게 찬사를 보내는 리스터, 웰컴 컬렉션

게 할 정도로 심각한 병이었습니다. 특히 제멜바이스가 일했던 병원의
경우 의대생 교육을 겸하는 병동이 여성 조산사를 가르치는 병동보다
산욕열로 인한 사망률이 훨씬 더 높았습니다. 산욕열로 죽은 산모를
해부한 다음 손도 씻지 않고 바로 살아 있는 산모를 진찰하는 것이 당
시 의대생 실습의 관행이었습니다. 이런 모습에서 착안하여 제멜바이
스는 염화 석회수로 손을 씻기만 해도 산욕열로 인한 산모의 사망률이
크게 줄어든다는 것을 알아냈습니다.

　　하지만 제멜바이스는 동료 의사에게 인정받지 못했습니다. 사실
새로운 지식이나 기술이 즉각적으로 수용되는 경우는 흔하지 않습니
다. 더욱이 생물학 지식이 의학적으로 적용되기까지는 오래 걸렸지요.
실제 시험에 성공했더라도 문화적·심리적 장벽을 넘어서야 했기 때문
입니다. 제멜바이스의 이야기도 이런 사례에 해당한다고 볼 수 있습니
다. 하지만 그는 자신의 발견을 설명할 만한 충분한 과학 지식이 없었

고, 연구 결과를 제대로 발표하지도 않았습니다. 관찰 경험의 의미와 중요성을 파악하고 설득력 있게 설명하려면 과학 지식을 충분히 갖추어야 한다는 점이 엿보이는 대목입니다.

백신으로 물리친 최초의 질병

백신 개발의 기원은 기원전 430년 투키디데스Thucydides 가 치명적인 전염병에서 살아남은 사람은 그 질병에 두 번 다시 걸리지 않는다는 사실을 처음 관찰한 데서 비롯합니다.[20] 10세기경 중국에서는 두창에 걸린 환자로부터 고름을 채취하여 건강한 사람에게 인위적으로 감염시키는 인두 접종을 시행했습니다.[21] 18세기 초 튀르키예 대사의 아내였던 메리 워틀리 몬태규Mary Wortley Montagu 는 인두 접종을 영국에 소개했습니다. 1721년 몬태규 부인은 자신의 다섯 살 아들과 네 살 딸에게 인두 접종을 시켰습니다. 이후 인두 접종을 받은 여섯 명의 사형수가 모두 살아남자 인두 접종은 유럽 전역으로 퍼지게 되었습니다.[22]

왕립학회의 제임스 주린James Jurin 은 인두 접종에 의한 사망률을 91분의 1로 계산했습니다.[23] 의사이자 수학자 존 아버스넛John Arbuthnot 은 두창으로 인한 사망률을 10분의 1로 계산한 반면 인두 접종으로 인한 사망률은 100분의 1에 불과하다고 추정했지요.[24] 인두 접종을 하면 대개 가벼운 증상이 생긴 뒤 실제 두창에 걸렸던 것처럼 면역력을 얻었습니다. 하지만 때로는 두창으로 죽거나 집단으로 발병하는 사태가 벌어지는 등 심각한 부작용도 나타났습니다. 프랑스의 계몽사상가 장 달랑베르Jean le Rond d'Alembert 는 비용 대비 효과라는 분석에 기대어 일

부러 생명을 위험에 빠뜨릴 수 없다고도 주장했지요.[25]

　존 헤이가스John Haygarth 는 인두 접종의 의도하지 않은 영향을 최소화하려면 접종받은 사람을 격리해야 한다고 강조했습니다. 의학적 처방의 역효과를 제거하여 혜택의 효과를 높이는 방법을 궁리한 거지요. 하지만 이런 고민은 얼마 지나지 않아 큰 의미가 없게 되었습니다. 1796년 에드워드 제너Edward Jenner 가 개발한 우두 접종은 두창 면역 효과를 보이면서도, 인두 접종과 달리 사망이나 집단 발병 및 확산의 위험이 매우 낮았기 때문입니다.

　제너는 낙농가에서 소젖 짜는 여인들이 두창에 안 걸린다는 속설에 착안해 우두를 앓으면 두창에 저항성이 생길 수 있을 거라는 아이디어를 떠올렸습니다. 제너는 이미 벤자민 제스티Benjamin Jesty 라는 농부가 우두를 앓던 소에서 고름을 빼내 그의 가족에게 접종했다는 경험담도 들었습니다.[26] 1796년 제너는 우두에 걸린 사라 넴즈Sarah Nelms 라는 젊은 소젖 짜는 여인의 손과 팔에 난 상처에서 고름을 채취해서 여덟 살 소년 제임스 핍스James Phipps 에게 접종했습니다.[27] 화보 7 우두를 접종하고 6주 후 핍스에게 인두를 접종했더니 어떤 증상도 나타나지 않았지요. 그 뒤 제너는 우두가 두창을 예방하는 데 효과가 있다는 것을 확신하게 되었습니다.

　우두 증상은 두창보다 훨씬 가벼웠으므로 우두 접종은 인두 접종과 비교해 상당히 안전했습니다. 그래서 우두 접종은 이내 인두 접종을 대체했고, 1840년에 이르자 영국은 인두 접종을 금지하기에 이르렀습니다. 제너는 우두 상처에서 유래한 접종 물질을 백신vaccine 이라고 불렀는데, 이는 암소를 뜻하는 라틴어 바카vacca 에서 유래된 것입니다. 훗날 파스퇴르는 용어의 원래 뜻을 혼동하여 암소에서 유래한 우두뿐만 아니라 모든 예방 접종에 사용되는 물질을 백신이라고 불렀습니다.

사람들이 우두 접종을 쉽게 받아들인 것은 아니었습니다. '우두 접종을 받으면 사람이 소로 변한다'라는 소문까지 돌았기 때문이지요.[28] 우두 접종법은 나폴레옹Napoléon Bonaparte 이 적국의 의사인 제너에게 표창을 내리면서 유럽 전역으로 퍼졌습니다.[29] 나폴레옹은 모든 병사에게 제너가 개발한 우두를 접종하도록 지시했지요. 제너 이후 수많은 노력 끝에 인류는 1977년 두창을 근절하는 데 성공했고, 1980년 세계보건기구WHO 는 두창이 근절되었다고 공식적으로 선언했습니다. 현재까지 두창은 인류가 근절한 최초의 질병이자 유일한 질병인 셈입니다.

'마법의 탄환'은 어떻게
백발백중 치료제가 되었나?

1539년 스페인의 의사 루이 디아스 데 이슬라Ruy Diaz de Isla는 유럽에서 100만 명 이상이 이전에 알려지지 않았던 병에 걸렸다고 기록했습니다. 그는 콜럼버스의 선원들이 첫 항해 후에 그 병을 카리브해에서 스페인으로 가져왔다고 주장했지요.[30] 이 병을 독일이나 이탈리아에서는 '프랑스 병'이라고 불렀고 프랑스에서는 '이탈리아 병'이라고 불렀습니다.[31] 매독으로 알려진 이 전염병은 15세기 이래 유럽에서 가장 전염성이 강하고 위험한 질병이었습니다.

격리는 전염병의 확산을 늦추거나 줄일 수는 있어도 완전히 차단하기 어렵고, 백신은 새로운 전염병에 신속히 대응하기 어렵다는 한계가 있습니다. 따라서 예방과 함께 치료법을 개발하는 것이 매우 중요합니다. 하지만 감염병이나 전염병의 치료제 개발은 말처럼 쉽지 않습니다. 흥미롭게도 의외의 경로에서 전염병 치료제를 개발하려는 움직임이 싹트기 시작했습니다.

1830년대에 화학 분야에서 합성화학이라는 새로운 세부 전공이 나타났습니다. 1856년 영국의 열여덟 살 소년 윌리엄 퍼킨William Henry

Perkin 은 역사상 최초로 보랏빛 염료를 합성하는 데 성공했습니다. 합성염료 기술은 독일의 자본주의와 우수한 연구 인력을 만나면서 염료 산업으로 발전했습니다. 라인강을 따라 있던 유명한 염색회사 중 일부는 의약품 개발에까지 관심을 넓혔습니다. 신약 개발에 관심을 기울인 대표적인 염색회사로 프리드리히 바이엘 앤 컴퍼니 Friedrich Bayer & Co 를 꼽을 수 있는데, 나중에 최초의 블록버스터 합성 신약인 아스피린을 개발한 회사죠.[32]

합성염료 기술은 옷감을 염색하는 대신 미생물이나 동물세포를 염색하려는 시도로 이어졌습니다.[33] 1908년 노벨 생리의학상을 수상한 파울 에를리히 Paul Ehrlich 는 병원균을 염색하는 연구의 잠재력을 일찌감치 알아챈 과학자였습니다. 세균을 염색하는 방법을 연구했던 유명한 병리학자 카를 바이게르트 Carl Weigert 가 사촌이라는 점도 에를리히에게 큰 영향을 주었지요. 에를리히는 뛰어난 학생이 아니었기에 그의 지도교수는 "에를리히가 염색은 잘하지만, 시험은 절대 통과하지 못할 것"이라고 다른 교수에게 말했다고 합니다.[34]

하지만 에를리히는 염색 연구에서 제대로 천재성을 발휘합니다. 그는 숙주 세포와 반응하지 않고 병원균에만 달라붙는 염료가 만약 독성을 띤다면 병원균만 선별적으로 제거할 수 있을 거라고 아이디어를 생각해냈고, 이 물질에 '마법의 탄환 magic bullet '이라는 이름을 붙였습니다.[35] 생각은 기발했지만 실제로는 그런 화학물질을 발견하기가 쉽지 않았죠. 에를리히는 생각을 바꿔 독성물질에 염료를 붙이는 합성화학 기술로 병원체를 제거하는 방식을 떠올렸습니다. 이 또한 쉽지 않았지만, 그는 오랜 노력 끝에 매독균과 싸우는 살바르산salvarsan을 개발하는 데 성공합니다.

방부 외과 수술의 도입이 의학의 진정한 전환점이었다면 살바르산의 발견은 의학이 환자의 생명을 연장하는 능력을 본격적으로 발휘한 시작점이라고 말할 수 있습니다. 또한 특정 질병은 특정 원인에 의해 생기며 특정 요법으로 치료할 수 있다는 개념적 틀을 갖추는 계기가 마련되었죠. 나아가 합성염료가 선별적으로 세포를 염색시킬 수 있다는 것은 염료가 세포에 존재하는 어떤 수용체에 특이적으로 결합한다는 뜻으로, 이는 현대 약학의 기초가 되었습니다. 에를리히는 신약 개발에 성공하려면 돈, 인내심, 창의력, 행운이 필요하다고 말했는데, 이는 오늘날에도 여전히 신약 발견의 핵심 요소이지요.

페니실린, 외과수술의 마지막 퍼즐

현대 의학의 역사에서 가장 혁명적인 성과 중 하나는 바로 페니실린의 발견과 의학적 응용입니다. 의사이자 의학 칼럼니스트 제임스 르파누James Le Fanu도 《현대의학의 거의 모든 역사The Rise and Fall of Modern Medicine》에서 페니실린 발견을 현대 치료 혁명의 역사에서 가장 중요한 사건으로 꼽았습니다. 페니실린은 질병을 이겨낼 간단한 해결책이 있다는 오랜 기대와 희망을 충족시켰으며, 의학의 잠재성에 대한 인식을 완전히 바꿔 놓았습니다.

알렉산더 플레밍Alexander Fleming의 페니실린 발견은 정교하고 집요한 과학 실험과 추론의 결과라기보다 우연히 시작되었습니다. 1928년 여름휴가를 다녀온 플레밍은 우연히 창문으로 들어와 배양접시에 내려앉은 푸른곰팡이가 포도상구균의 성장을 억제하고 있는 것을 발견합니다. 푸른곰팡이는 20도에서, 포도상구균은 35도에서 잘 자라는데 때마침 런던에서 이상 저온 현상이 나타났다가 다시 여름 기온을 회복하여 푸른곰팡이와 포도상구균이 모두 잘 자랄 수 있던 행운도 더해졌습니다. 이 발견 이야기는 다소 신화적인 면도 있습니다. 한 박테리아 연구자는 당시 세인트 메리 병원 건물이 너무 낡아서 플레밍이 연구했던 곳의 창문은 열리지 않았다고 지적하기도 했지요.[36]

플레밍이 페니실린의 유용성을 얼마나 인식하고 있었는지도 의문입니다. 플레밍은 "페니실린에 민감한 미생물에 감염된 부위에 바르거나 주사하면 효율적인 살균제가 될 수 있을 것이다."라고 자신의 논문에 기록했지만, 이후 더는 관련 연구를 진행하지 않았습니다.[37] 토끼 혈액을 이용한 실험에서 페니실린의 항생작용이 나타나기 전에 활성이 사라져 버리는 결과를 얻었기 때문이에요. 하지만 플레밍의 두 제자인 프레더릭 리들리Frederick Ridley 와 스튜어트 크래덕Stuart Craddock 이 페니실린을 정제하고 안정화하는 방법을 개발했는데도 플레밍은 큰 관심을 두지 않았습니다.

플레밍이 페니실린을 발견한 지 11년이 지난 1939년 하워드 플로리Howard Florey 와 언스트 체인Ernst Chain 이 연구를 개시할 때까지도 페니실린은 크게 주목을 받지 못했습니다. 사실 페니실린의 존재는 1870년대 들어 존 버돈샌더슨John Burdon-Sanderson 과 조지프 리스터 등에 의해 이미 예견되었습니다.[38] 그토록 진가를 발휘하지 못했던 페니실린은 플로리와 체인이 연구에 착수하면서 새로운 전환점을 맞이했습니다. 1940년 동물 실험으로 항생 효과를 확인했고 이듬해에 임상시험까지 성공한 거지요.[39]

1945년 플레밍, 플로리, 체인은 노벨 생리의학상을 공동 수상합니다. 플레밍이 페니실린을 발견했다면 플로리와 체인은 임상시험에 성공하여 인류에 큰 공헌을 했기 때문이지요. 하지만 페니실린의 발견부터 임상적 유용성 확인까지는 적지 않은 시간이 걸렸습니다. 창의적이고 혁신적인 발견을 견인하는 기초연구도 쉽지 않지만, 기초연구를 통해 유망한 결과를 얻게 되더라도 임상 현장에 쉽게 응용되지 않고, 응용이 이루어진다고 해도 상당한 시간이 걸린다는 말입니다.[40]

페니실린이 개발되자 안전한 외과 수술에 필요한 거의 마지막 퍼즐까지 맞추어졌습니다. 19세기 중반에는 마취제의 발견으로 통증을 억제할 수 있게 되었고, 20세기에는 혈액형의 발견으로 수혈이 가능해졌습니다. 그리고 항생제의 발견을 통해 감염에 철저하게 대응할 수 있게 된 거죠. 이후 1952년 노벨 생리의학상을 수상한 셀만 왁스만 Selman Waksman 과 그의 제자 앨버트 샤츠 Albert Schatz 가 결핵치료제인 스트렙토마이신을 발견하는 등 다양한 항생제가 개발되면서 감염병과 전염병의 정복이 거의 눈앞에 온 듯했습니다.

하지만 이러한 꿈은 이내 물거품이 되고 맙니다. 항생제에 내성을 지닌 병원균이 출현했기 때문입니다.[41] 미생물의 적응 능력과 생존 반응은 상상 이상으로 대단했습니다. 또한 코로나19 같은 신종감염병은 늘 우리를 호시탐탐 노리고 있습니다. 출처가 확실하지 않지만, 미국 공중위생국장을 역임한 윌리엄 스튜어트William H. Stewart 가 "이제 감염병에 관한 책을 덮고 역병과의 전쟁에 대한 승리를 선언할 때다."라고 한 말은 의생명과학의 역사에서 가장 오명을 떨친 문구로 기억되고 있습니다.[42]

실제 코로나19의 대유행으로 인해 감염병은 여전히 큰 위협임을 절실히 깨닫게 되었지요. 특히 인구 급증과 세계화에 맞물려 감염병은 빠르고 광범위하게 확산되었습니다. 하지만 코로나19는 감염병에 맞서는 인류의 역량 또한 크게 향상했음을 확인하는 기회이기도 했습니다. 방역뿐 아니라 mRNA 백신, 중증환자 관리 체계 등의 과학적 수단으로 역사상 가장 이른 시간 내에 감염병에 대응했으며 일상 또한 되찾을 수 있었기 때문이지요. 새로운 항생제 개발 역시 인공지능 기술을 이용하는 등 혁신적인 연구를 통해 조만간 효과적인 해법을 찾으리라 기대됩니다.

다만 루이스 캐럴의 《거울 나라의 앨리스》에 등장하는 붉은 여왕이 앨리스에게 이곳에서 제자리를 유지하려면 최선을 다해 달려야 한다고 말한 것을 늘 기억해야 합니다. 바이러스와 미생물은 바뀐 환경에 쉽게 적응하고 자신의 모습을 바꾸기 때문에, 과학기술 연구 결과를 끊임없이 축적하여 신종감염병과 항생제 내성균에 대한 대응력을 높이는 일 또한 승리를 단언하기는 쉽지 않아 보입니다.

7

고통 없는 삶이
가능할까?

: 통증

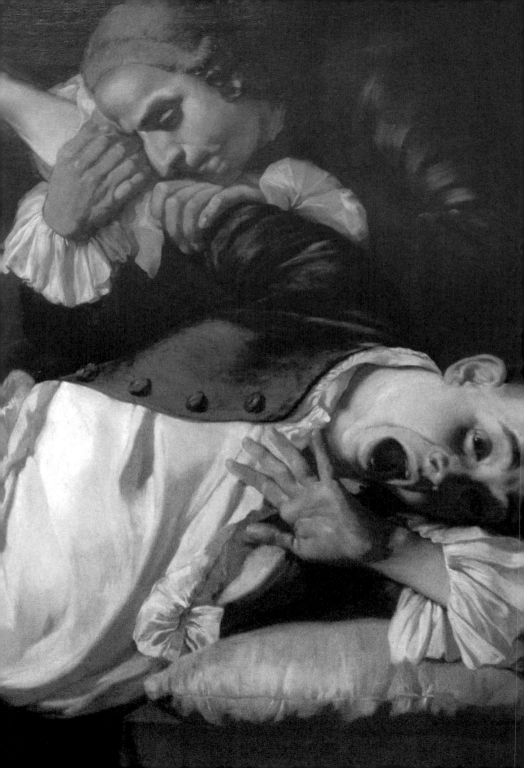

진통제와 마취제가
없는 시대는 어떠했을까?

예전에 〈아픈 만큼 성숙해지고〉라는 가요가 큰 사랑을 받은 적이 있습니다.《아프니까 청춘이다》라는 책도 크게 히트했지요. 아픔이 얼마나 견디기 힘든 건지 고스란히 전해집니다. 피할 수도 없고 그렇다고 해서 즐길 수도 없는 것이 아픔입니다. 그러니 아픔을 차단하거나 최소화하는 게 최선이겠죠.

　　아픈 증세를 가리켜 우리는 통증痛症이라고 부릅니다. 일반적으로 통증이란 자극이나 손상으로 인해 발생하는 아픈 느낌을 말합니다. 따라서 통증은 우리 몸의 이상을 알려주는 경고 장치이자 회피반응을 일으키는 보호 장치의 역할을 합니다. 2006년 통증을 전혀 느끼지 못하는 십대 소년으로부터 SCN9A 유전자의 돌연변이를 발견했다는 연구 결과가 《네이처》에 발표되었습니다.[1] 이 돌연변이로 인해 나트륨 이온 채널의 기능이 사라져 통증에 무감각해진 겁니다. 안타깝게도 이 소년은 지붕에서 뛰어내릴 때 입은 부상으로 열네 번째 생일 전에 사망하고 말았습니다. 이처럼 통증에 대한 경험과 연상은 위험을 회피하고 우리 자신을 보호하는 데에 매우 중요한 역할을 합니다.

한자로 아플 통痛은 병들어 기댈 역疒과 솟을 용甬이 합쳐져서 만들어진 단어입니다. 병이 솟아오를 때의 느낌을 아픔이라고 표현한 것이 인상적입니다. 보다 전문적 설명이 필요하면 국제통증연구학회 International Association for the Study of Pain 의 정의를 참조할 수 있습니다. 이 학회에서는 "실제 또는 잠재적 조직 손상과 관련되거나 그런 손상으로 설명될 수 있는 불쾌한 감각 및 정서적 경험"으로 통증을 정의하고 있습니다.[2]

통증을 뜻하는 영어 단어 'pain'은 처벌이나 형벌이라는 의미인 라틴어 'poena'에서 유래했습니다. 아마도 처벌에 따른 육체적 고통을 통증이라고 표현했던 거겠지요. 고대 사회에서는 전염병을 신의 처벌 이라고 생각했다는 점을 떠올릴 때 고대 사회의 주술적 혹은 종교적 세계관이 묻어나는 단어라고도 볼 수 있습니다. 사실 지금도 우리는 많이 아플 때 종교와 관계없이 지은 죄를 떠올리고 반성하곤 하지요.

오늘날 의료 서비스를 찾는 주된 이유가 통증 때문입니다. 골 관절염 통증, 요통, 두통 등을 생각해 보면 쉽게 이해가 가지요.[3] 통증 은 발생 기전에 따라 조직 손상이나 염증으로 인한 통각수용성 통증 nociceptive pain, 신경 손상으로 인한 신경성 통증neuropathic pain, 실질적인 조직이나 신경 손상은 없지만 통각수용성이 변화해 생기는 통각가소 성 통증nociplastic pain 으로 분류할 수 있습니다.[4] 설명이 조금 어렵게 느 껴지나요? 그만큼 통증을 과학적으로 이해한다는 것은 쉬운 일이 아닙 니다.

통증을 완화하거나 차단하기 위해서 진통제와 마취제를 사용하기도 합니다. 진통제의 세계 시장 규모가 2022년 약 100조 원에 달했다는 점은 통증이 얼마나 사람을 힘들게 하는지 잘 보여줍니다. 진통제는 크게 마약성 진통제와 비마약성 진통제로 구분됩니다. 마약성 진통제는 주로 중추신경계에 작용하며, 통증 자극을 전달하는 신경전달물질의 분비를 억제하여 진통 효과를 나타냅니다. 마약성 진통제는 진통 효과가 큰 편이나 오남용의 위험이 있습니다. 반면 비마약성 진통제는 중추 억제 작용이 약하고 흔히 염증을 억제하여 진통 효과를 냅니다.

신체적 감각은 유지하면서 통증을 가볍게 하는 진통제와 달리 마취제는 감각의 소실을 유도하여 통증을 못 느끼도록 하는 약입니다.[5] 전신마취제의 경우 한시적으로 의식과 움직임이 없는 상태까지 만들죠. 마취제는 주로 시술이나 수술 전에 통증을 차단하기 위해 사용합니다. 특히 외과 수술은 마취제의 발견 덕분에 의학의 역사에 한 획을 그을 수 있었습니다. 마취 없는 외과 수술을 상상이나 할 수 있을까요? 가스파레 트라베르시 Gaspare Traversi 의 작품은 외과 수술이 얼마나 심한 통증을 일어나게 하는지 생생히 보여줍니다. 화보 8

외과 수술은 우리 몸에 물리적으로 개입하여 인체 기능을 회복시키거나 유지한다는 점에서 다분히 공학적인 치료 방법입니다. 하지만 인위적으로 몸의 구조를 변형시키다 보니 조직이나 신경이 손상돼 통증이 일어날 수밖에 없습니다. 그래서 마취제는 외과 수술을 엄청난 통증으로부터 구원했다는 의미를 지닙니다. 더군다나 마취제 개발의 역사는 왜 과학자에게 역사적 인식과 소양이 중요한지 일러주기도 하지요.

마취제가 등장하기 전, 수술의 공포

1991년 9월 오스트리아와 이탈리아 사이 외츠탈러 알프스 산맥에서 5,300년 된 냉동 미라 외치Ötzi가 발견되었습니다. 흥미롭게도 외치의 하의에는 자작나무버섯이 가죽끈에 묶여 있었습니다. 자작나무버섯에는 항생 작용 및 출혈 억제 효과뿐만 아니라 진통 효과도 있는 것으로 알려져 있습니다.[6] 짐작하건대 외치는 자작나무버섯을 상비약으로 들고 다녔던 것으로 보입니다. 자작나무버섯의 약효는 아마도 우연한 경험에 기대고 경험이 반복되는 과정에서 깨달았을 것입니다.

오랜 시간 인류는 통증을 줄이거나 차단할 방법을 찾으려고 노력했습니다.[7] 고대 인도나 중국의 문헌에는 대마초나 사리풀이 통증을 억제하는 효과가 있다고 기록되어 있습니다. 고대 이집트에서는 양귀비, 헬레보레, 맨드레이크, 맥주 등을 약재로 사용했고, 잉카 제국에서는 코카나무 잎으로 통증을 완화했습니다. 《삼국지》에서 독화살에 맞은 관우가 술을 마시고 바둑을 두면서 태연히 화타의 수술을 견뎌내는 장면은 너무나도 유명하지요. 그러나 마약 성분이나 술이 마취제로서 뛰어나다고 말하기는 어렵습니다.

19세기 전까지 통증 없는 수술은 상상도 못 할 일이었습니다. 수술에 따른 출혈과 감염도 심각한 문제였지만, 그에 앞서 수술은 엄청난 통증을 수반하는 잔혹한 방법이었습니다. 1267년 이탈리아의 외과 의사 테오도릭Theodoric은 그의 책 《수술Chirurgia》에서 팔꿈치 위 부위를 수술하는 동안 조수의 시선에 집중하는 환자의 모습을 묘사했습니다. 수술 중 발생하는 통증을 완화하기 위해 환자의 주의를 최대한 돌리는

7-1 파라켈수스의 《외과 수술》에 나오는 수술 현장 모습.
요스트 암만 Jost Amman 이 그린 목판 삽화, 1565년경

것이 얼마나 중요한지를 설명한 거지요.[8]

파라켈수스Paracelsus 의 《외과 수술Opus chirurgicum 》에 나오는 그림은 16세기 당시 수술 모습을 짐작하게 합니다.그림 7-1 그림 왼쪽 아랫부분을 보면 외과의사가 톱으로 무릎 아래 부위를 절단하는 모습이 눈에 띕니다. 환자가 움직이지 않도록 꽉 붙잡은 조수의 모습도 보이지요. 아파서 뒤로 넘어가는 듯한 환자의 모습은 공포를 넘어 엽기적으로 보입니다. 제대로 된 마취제가 없던 시절 다리를 절단하는 외과 수술은 어쩌면 죽음보다 더한 공포였을지도 모릅니다.

히포크라테스는 수술에 대한 글을 남길 때 환자에 대한 동정심은 거의 언급하지 않았는데, 그림 속의 수술 모습을 보면 충분히 이해가

갑니다. 19세기 중반까지도 외과 수술에 관한 서적이나 논문에서 통증을 줄이는 문제에 대한 언급은 거의 찾을 수 없습니다. 성공적인 수술을 위해 가장 필요한 일은 최대한 빨리 수술을 끝내는 것이었습니다. 수술칼을 가장 빨리 휘두르기로 유명했던 19세기 초 영국의 외과의사 로버트 리스턴Robert Liston은 수술실에 들어가면서 늘 "시간을 재세요, 여러분!"이라고 외쳤다고 전해집니다.[9]

작가 프랜시스 버니Frances Burney는 1811년 유방암을 치료하기 위해 4시간 동안 절제술을 받은 끔찍한 경험을 여동생에게 설명하는 편지를 썼습니다.[10] "무시무시한 강철이 가슴에 박혀 정맥, 동맥, 살갗, 신경을 꿰뚫었을 때 울음을 참지 말라는 명령은 필요하지 않았어. 나는 절개하는 내내 끊임없이 비명을 질렀지. 놀라운 것은 그 소리가 전혀 내 귀에 들리지 않는다는 사실이었단다. 너무나 극심한 고통이었어." 수술 후에도 버니는 거의 9개월 동안 생각하거나 말을 할 수 없을 정도로 후유증에 시달렸습니다.

마비 혹은 환각,
웃음가스는 정말 안전할까?

고대 그리스의 탈레스가 이 세계를 구성하는 근본 물질에 주목한 이래, 엠페도클레스는 앞선 이론을 절충하여 '4원소설'을 정립했습니다. 이 세상의 모든 물질이 불, 물, 공기, 흙, 네 원소의 적절한 조합으로 이루어져 있다는 이론입니다. 이 고대 물질체계는 플라톤과 아리스토텔레스의 지지에 힘입어 2,000년 동안 서양 세계를 지배했습니다.

18세기 화학 혁명이 일어나면서 새로운 물질체계가 세워졌습니다. 물은 단일성분의 물질이 아니라 수소와 산소가 화학적으로 결합된 화합물이고, 공기와 흙은 다양한 물질로 구성된 혼합물이라는 것이 밝혀졌지요. 19세기 이후에는 열역학과 동역학 이론이 정립되면서 불을 물질로 보는 견해마저 깨져버렸습니다. 로버트 보일 Robert Bolye 과 얀 밥티스타 판 헬몬트 Jan Baptista van Helmont 의 선구적 연구에 힘입어 기체화학이 번성하면서 근대적 마취제 개발은 첫발을 내디뎠습니다.[11]

영국의 성직자이자 화학자 조지프 프리스틀리 Joseph Priestley 는 스티븐 헤일즈 Stephen Hales 가 18세기 초에 고안했던 실험 장치를 이용하여 여러 종류의 기체 실험을 진행했습니다. 이 실험을 통해 프리스틀리는 1772년 아산화질소N_2O를 발견했고, 1775년 《여러 종류의 기체에 관한 실험과 관찰》에서 아산화질소를 합성하는 방법을 발표했습니다.[12] 프리스틀리가 아산화질소를 흡입하려고 시도하지 않았다는 점을 볼 때 그는 아산화질소의 마취 효과에 대해 전혀 알아차리지 못했던 것으로 보입니다.

아산화질소의 마취 효과를 처음 알아챈 사람은 화학자 험프리 데이비 Humphry Davy 였습니다.[13] 1798년 영국의 의사 토머스 베도스 Thomas Beddoes 가 세운 기체의학연구소 Pneumatic Medical Institute 에 합류한 데이비는 아산화질소 연구에 몰두하던 중, 아산화질소를 흡입하면 기분이 좋아지고 행복감이 든다는 사실을 발견했습니다. 또한 흡입 시 얼굴 근육에 경련이 일어나 마치 웃는 듯한 표정이 나타나므로 아산화질소를 가리켜 '웃음가스'라고 불렀죠.[14]

데이비는 《아산화질소 또는 플로지스톤을 제거한 질소성 공기의 흡입에 관한 화학 및 철학 연구》라는 책에서 아산화질소의 역사, 화학 및 생리학적 특성, 오락거리로의 활용 등을 소개했습니다.[15] 수술에 활용될 가능성 또한 언급했는데, 책의 끝부분에 "아산화질소는 육체적 통증을 없애는 능력이 있으므로 출혈이 심하지 않은 외과 수술에 유리하게 사용할 수 있다."라고 적어 놓았지요.

하지만 데이비는 아산화질소 연구를 더 진행하지 않았습니다. 아산화질소가 실제 외과 수술에 사용되기까지는 40여 년을 기다려야 했습니다. 그 사이 아산화질소는 의료용이 아니라 상류층 파티의 오락거리로 주로 사용되었습니다.그림 7-2 1820년대부터 1840년대까지 미국

7-2 웃음가스를 들이마시는 남자와 신나고 유쾌한 효과가 나타난 남자,
1840년경, 웰컴 컬렉션

과 영국에서는 아산화질소 흡입의 효과를 보여주는 공연이 크게 유행했습니다. 뜻밖에도 이 공연이 한동안 잊혔던 아산화질소의 마취 효과 연구를 다시 시작하도록 계기를 제공했습니다.

비극으로 끝난 아산화질소 마취

1830년대 말까지 성공적인 수술을 위한 최선의 전략은 빠른 속도였습니다. 환자의 의식을 잃게 만들기 위해 목을 조르거나 머리를 때리는 외과의사도 있었지만 이 방법은 위험 부담이 너무 컸지요. 그러다가 1840년대 초부터 엄청난 변화의 움직임이 나타났습니다. 그 변화의 주

인공은 1844년 12월 10일 아내와 함께 코네티컷주의 하트포드에서 열린 가드너 콜튼Gardner Colton의 웃음가스 공연을 보러 간 미국의 치과의사 호러스 웰스Horace Wells였습니다.[16]

이 공연장에서 약제상 점원인 새뮤얼 쿨리Samuel Cooley는 아산화질소를 흡입한 상태에서 나무 벤치에 부딪혀 다리를 다쳤습니다. 하지만 아산화질소의 효과가 사라질 때까지 자신이 다친 걸 알아차리지 못했지요. 이 모습을 지켜본 웰스는 통증이 심한 치과 치료에 아산화질소가 유용하게 쓰일 수 있겠다고 생각했습니다. 뜻밖의 기회를 틈타 아산화질소를 마취에 사용한다는 아이디어를 떠올린 거죠.

다음 날 웰스는 바로 동료 치과의사 존 릭스John Riggs에게 자신의 발치를 부탁하며 아산화질소의 마취 효과를 몸소 확인했습니다.[17] 이후 여러 환자를 대상으로 십여 차례 무통 발치에 성공하자, 1845년 2월 제자이자 동업자였던 치과의사 윌리엄 모턴William Morton의 도움을 받아 당시 가장 존경받는 원로 외과의사였던 존 콜린스 워렌John Collins Warren을 만났습니다. 이들은 보스턴의 매사추세츠 종합병원Massachusetts General Hospital, MGH의 수술 극장에서 무통 수술을 공개 시연하기로 기획했습니다.[18]

하지만 웰스의 공개 시연은 실패로 막을 내리고 말았습니다. 자원한 의대생에게 아산화질소로 마취했는데도 발치를 시작하자 학생이 움직이고 신음 소리를 냈기 때문입니다. 웰스는 웃음거리가 되고 졸지에 사기꾼으로 전락해 버리고 말았지요. 하지만 안타깝게도 학생은 나중에 통증을 크게 느끼지 못했다고 털어놓았습니다. 물론 마취에 사용한 아산화질소의 농도가 낮았거나 아산화질소 흡입 후 평소보다 지연되어 발치한 탓에 실제 마취 효과가 제대로 나타나지 않았을 수도 있습니다.

1846년 11월 18일 깜짝 놀랄 만한 소식이 웰스에게 전해집니다. 매사추세츠 종합병원의 수술 극장에서 열린 공개 시연에서 모턴이 또 다른 마취제인 에테르ether로 무통 수술에 성공했다는 논문이 발표된 것입니다. 이 소식을 듣자마자 웰스는 마취제에 대한 자신의 우선권을 주장하려고 바쁘게 움직였습니다. 1847년 웰스는《아산화질소 가스, 에테르 및 기타 증기를 발견하고 외과 수술에 적용한 역사》를 발표해 자신도 에테르를 사용한 경험이 있지만 아산화질소가 에테르보다 훨씬 안정적인 마취제라고 주장했지요.

또한 웰스는 최초의 마취제 발견자로 인정받으려고 1846년 12월 파리로 떠나 그곳에서 미국 출신의 명성 높은 치과의사 크리스토퍼 스타 브루스터 Christopher Starr Brewster를 만났습니다. 브루스터는 프랑스 황실과 러시아 제국의 주치의였으므로 유럽 전역의 유명인사와 활발하게 교류하고 있었죠. 브루스터는 웰스의 증거를 파리의학협회에 소개했고, 웰스는 협회로부터 마취제 발견의 공로를 인정받습니다.

1848년 1월 12일 브루스터는 웰스에게 파리의학협회가 웰스의 흡입 마취제 개발에 대한 공로를 인정한다는 편지를 보냈습니다. 하지만 웰스는 이 편지를 받지 못했습니다. 클로로포름의 마취 효과를 연구하다가 클로로포름에 중독됐던 웰스는 브루스터의 편지가 도착하기 전에 이 세상을 떠났기 때문이지요. 1848년 1월 22일 마취제에 취한 상태에서 매춘부에게 황산을 투척한 죄로 감옥에 갇혀 재판을 기다리던 중 웰스는 클로로포름을 흡입한 후 대퇴동맥을 베어서 삶을 마감하고 말았습니다.

마취제를 발견한 공적은
과연 누구 몫인가?

보스턴의 퍼블릭 가든에 가면 에테르의 마취 효과를 발견한 업적을 기리는 에테르 기념비를 볼 수 있습니다.[19] 1868년에 세워진 이 기념비에는 "에테르 흡입이 통증을 무감각하게 만드는 것을 기념하기 위해. 보스턴 매사추세츠 종합병원에서 처음으로 입증되다."라는 문구와 함께 "아픈 것이 다시 있지 아니하리니."라는 〈요한계시록 21장 4절〉 구절이 새겨져 있지요.

현대 성형 수술의 선구자 요한 프리드리히 디펜바흐Johann Friedrich Dieffenbach 는 "통증을 없애려는 원대한 꿈이 드디어 실현되었다."라며 에테르의 발견을 칭송했습니다.[20] 에테르의 마취 효과를 직접 목격했던 외과의사 헨리 비글로Henry Bigelow 는 1868년에 열린 에테르 기념비 헌정식에서 "누구든 상관없이 고통을 확실하게, 통증의 정도가 아무리 크더라도 완벽히 안전하게 통증을 무력화한다는 것을 증명했다."라고 말했지요.[21]

1846년 10월 16일 모턴은 현재 '에테르 돔Ether Dome '이라는 이름이 붙은 매사추세츠 종합병원의 수술 극장에서 에테르 마취에 성공을

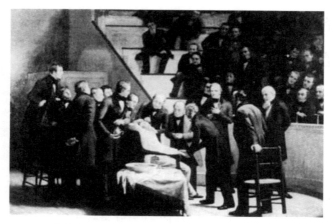

7-3 로버트 힝클리, 〈에테르를 이용한 첫 번째 수술〉, 1882~1893년, 하버드대학교 의학도서관

거두었습니다. 지금도 10월 16일은 '에테르의 날Ether Day' 또는 '세계 마취의 날'로 기념되고 있습니다. 마취 역사상 최고의 순간으로 꼽히는 이날의 모습은 로버트 힝클리Robert Hinckley의 〈에테르를 이용한 첫 번째 수술〉그림 7-3 이나 워렌 프로스페리Warren Prosperi와 루치아 프로스페리 Lucia Prosperi의 〈에테르의 날 1846〉을 통해 목격할 수 있습니다.[22]

모턴은 화학자 찰스 잭슨Charles Jackson의 조언에 힘입어 아산화질소 대신 에테르의 마취 효과를 연구하는 데 매진했습니다. 그 결과 1846년 9월 30일 에베네저 프로스트Ebenezer Frost를 에테르로 마취한 후 무통 발치에 성공할 수 있었죠.[23] 이어 에테르의 날 에테르 돔에서 열린 공개시연에서 존 워렌은 모턴이 마취한 20세 환자 에드워드 길버트 애벗Edward Gilbert Abbott의 목에 난 혈관종을 성공적으로 제거했습니다.[24] 수술이 끝난 뒤 의식을 찾은 에보트는 어떤 통증도 느끼지 않았

다고 진술했고, 이에 워렌은 "신사 여러분, 이것은 사기가 아닙니다."
라고 청중을 향해 크게 외쳤습니다.[25]

1846년 11월 18일 헨리 비글로는 이 공개 시연 결과를 《보스턴
의학 및 외과 학술지 Boston Medical and Surgical Journal 》에 발표했습니다.[26]
비글로의 논문 덕분에 모턴의 발견은 공식적으로 인정받을 수 있었죠.
런던에 거주하던 미국 출신의 의사 프랜시스 부트Francis Boott 는 이 소
식을 전해 듣자마자 여러 경로로 에테르의 마취 효과를 직접 확인한
뒤 당시 유럽에서 가장 권위 있던 의학학술지 《랜싯 Lancet 》에 이 사실
을 소개했습니다.[27] 이로써 모턴의 에테르 마취는 불과 2개월 만에 유
럽 전역에 알려졌고, 환자들은 무통 수술의 혜택을 보게 되었습니다.

에테르의 최초 발견자를 찾아라

언뜻 보면 에테르 마취를 발견한 공적은 모턴에게 돌아가는 것이 마땅
해 보입니다. 하지만 이 문제는 그렇게 간단하지 않았습니다. 올리버 웬
들 홈스Oliver Wendell Holmes 는 '어느 하나'를 뜻하는 영어 단어 'either'의
철자와 발음이 에테르와 비슷하다는 점에서 착안하여 'ether or either'
라는 말로 에테르 논쟁 Ether Controversy 을 표현한 바 있습니다.[28]

참고로, 홈스 덕분에 1세기 그리스의 외과의사 페다니우스 디오
스코리데스Pedanius Dioscorides 가 《약물에 관하여 De Materia Medica 》에서 사
용했던 '마취anesthesia '라는 용어가 널리 알려지게 되었는데요.[29] 이 단
어는 17세기 이후 감촉에 대한 무감각, 혹은 감각의 소실이라는 의미
로 사용되었습니다. 마취제를 뜻하는 영어 단어 'anesthetic'에서 부정

접두어 ‘an’을 떼어내면 심미적 혹은 미학美學 적이라는 뜻의 ‘esthetic’
이 됩니다.[30] 이는 현재 우리나라에서 피부관리라는 의미로 주로 사용
되는 ‘에스테틱’의 기원이기도 하죠.

　　16세기 파라켈수스는 당시 달콤한 황산염 sweet vitriol 이라 불렸던
에테르를 닭에게 주입해서 에테르의 마취 효과를 확인했습니다.[31] 19
세기 초 마이클 패러데이 Michael Faraday 또한 에테르를 흡입하면 통증에
무감각해진다는 사실을 관찰했지요.[32] 그런데도 아무도 에테르를 외과
수술에 활용할 생각은 하지 못했습니다. 반면 모턴은 에테르를 마취제
로 사용하기 위한 연구를 진행했고 임상적 가치를 증명했습니다. 하지
만 에테르에 대한 칭송이 커지고 경제적 가치가 분명해지자 명성과 금
전적 보상을 두고 치열한 논쟁이 일어납니다.

　　누구보다도 욕심을 드러낸 건 모턴에게 에테르 마취 연구를 조언
한 찰스 잭슨이었습니다. 1846년 11월 12일 모턴과 잭슨은 공동명의
로 특허(전매 특허증 No. 4848)를 발급받았지만, 잭슨의 금전적 욕심이
과해지면서 둘의 관계는 틀어지고 말았습니다.[33] 1896년 미국의 의사
이자 저술가 에드워드 월도 에머슨 Edward Waldo Emerson 은 “위대한 에테
르 마취의 발견에서 잭슨 박사는 머리였고 모턴은 손이었습니다.”라는
말로 잭슨을 옹호했습니다.[34] 하지만 잭슨은 직접 연구를 진행한 적이
없었으므로 에머슨의 견해는 거의 지지받지 못했습니다.

　　한편 미국 조지아주 출신의 의사 크로포드 롱 Crawford Long 은 펜실
베이니아 의과대학을 다니던 중 에테르를 흡입하고 유흥을 즐기는 ‘에
테르 유희 ether frolics ’를 경험했습니다. 롱은 에테르 유희를 즐기는 중에

는 큰 상처를 입어도 고통을 전혀 기억하지 못한다는 점에 주목해 에테르를 사용한 마취라는 아이디어를 떠올렸습니다. 1842년 3월 30일 롱은 제임스 베너블James M. Venable 을 에테르로 마취한 다음 목에 있는 두 낭종 중 하나를 고통 없이 없앴고,[35] 두 달여 후 나머지 낭종도 무통 수술로 없애는 데 성공합니다. 롱의 성공은 웰스가 아산화질소 마취에 처음 성공한 날보다 2년 정도나 앞선 것이었지요.

롱은 최초로 에테르 마취에 성공했지만 마취제 발견의 공적을 다투는 논쟁이 격화될 때까지 자신의 연구 결과를 발표하지 않았습니다. 최초 발견으로부터 7년이 지난 1849년 12월에서야《남부 의학 및 외과 학술지Southern Medical and Surgical Journal 》에 관련 논문을 발표했죠.[36] 미 의회가 마취제 개발의 공적을 기리기 위해 상금 10만 달러를 지급하는 법안을 발의하자 여러 지인의 설득에 못 이겨 롱은 논문을 발표하게 된 것이었습니다.

롱은 뛰어난 의학교육과정을 이수해 임상의학 경험과 실험적 과학 방법에 대한 지식을 제대로 갖추고 있었습니다. 훌륭한 소양과 진지한 학문적 자세를 갖추었기에 에테르의 마취 효과를 과학적으로 확인할 때까지 발표를 미뤘던 거겠지요. 하지만 뒤늦은 논문 발표로 롱의 선구적 업적은 퇴색될 수밖에 없었습니다. 늦은 발표 때문에 우선권과 공적을 제대로 인정받기 힘들었습니다.

최초 발견이라는 우선권과 그에 따른 공적을 둘러싼 에테르 논쟁은 어떻게 결론이 났을까요? 현대 의학의 아버지 윌리엄 오슬러는 "과학에서 공적은 아이디어를 처음 낸 사람이 아니라 세계를 최초로 납득

시킨 사람에게 돌아간다."라는 프랜시스 다윈Francis Darwin 의 말을 인용하면서 모턴의 손을 들어주었습니다.[37] 사람들은 대체로 오슬러의 견해에 동의하지만, 여전히 에테르 논쟁이 완전히 해소되었다고 보기는 어렵습니다. 또 다른 관점에서 바라봐야 할 부분이 남아 있기 때문이지요.

역사가 선택한 승자

모턴은 금전적 이익에 골몰해서 상당 기간 에테르의 정체를 밝히지 않았습니다. 대신 고대 로마의 시인 베르길리우스Vergilius 가 양귀비로 유도한 수면을 가리킬 때 사용한 '레테온Letheon '이라는 용어를 빌려와 마취제의 이름을 붙였죠.[38] 이 용어는 그리스 신화에 나오는 망각의 여신 혹은 망각의 강 '레테Lethe '에서 따온 것입니다. 모턴의 지나친 상업적 태도는 결국 매사추세츠 종합병원의 거부감을 불러일으켰습니다. 모턴의 행동이 과해지자 1864년 미국의사협회는 급기야 모턴을 비판하는 성명까지 발표했습니다.

　잭슨은 1846년 11월 중순부터 유럽의 의학 및 과학계 지인과 정치 지도자를 상대로 자신이 마취를 발견한 당사자이며 모턴은 자신의 지시에 따르기만 했다고 주장했습니다.[39] 1852년 잭슨은 프랑스 과학원으로부터 마취제 발견의 공로를 인정받았지요. 또한 같은 해 두 하원 의원 에드워드 스탠리Edward Stanly 와 알렉산더 에반스Alexander Evans 는 잭슨의 권리를 정당화하고 모턴의 주장이 잘못되었다는 보고서를 미 의회에 제출하기도 했습니다. 하지만 이런 주장은 잭슨의 정치적 술

7-4 스태추어리 홀에 전시된 크로포드 롱의 조각상

수가 깊이 개입된 결과라는 역사적 평가를 받고 있습니다.

반면 롱은 자신의 우선권과 공적을 인정받으려고 웰스처럼 애써 호소하지도 않았고 잭슨처럼 술책을 쓰지 않았으며 모턴처럼 상업적 욕심을 부리지도 않았습니다. 그래서였는지 현대 산부인과의 아버지 제임스 마리온 심스J. Marion Sims 는 롱의 성과를 자세히 조사한 논문을 《월간 버지니아 의학Virginia Medical Monthly 》에 발표해 큰 찬사를 보냈습니다. 역사적 평가를 거쳐 롱은 사후에 더욱 빛나는 명성을 얻게 된 것입니다.

더군다나 롱은 조지아주를 대표하는 인물에까지 뽑혀 1926년 미국 국회의사당의 스태추어리 홀Statuary Hall 에 그의 조각상이 전시되었습니다.[40]그림 7-4 1990년 10월 30일 조지 부시George H. W. Bush 대통령은 롱이 처음 에테르 마취에 성공한 3월 30일을 '국가 의사의 날'로 지정하는 법안에 서명하기도 했죠.[41] 최초 발견과 공적을 인정받는 것 그리고 존경받는 과학자로서 역사적 평가를 받는 것에 대해 생각해보게 만드는 대목입니다. 과학자에게 역사적 인식이 왜 중요한지를 일러주는 일화이기도 합니다.

끝으로 마취제를 널리 사용하게 된 흥미로운 역사적 계기 하나를 소개하겠습니다.[42] 중세 이후 기독교 문화에서는 출산의 고통을 원죄의 대가라고 생각했습니다. 이는 〈창세기〉에 나오는 "네게 임신하는 고통을 크게 더하리니 네가 수고하고 자식을 낳을 것이며……"라는 구절에서 비롯된 것이죠. 따라서 마취는 신이 주신 고통을 견디는 능력을 빼앗으려는 사탄의 음모라고 생각했습니다. 이로 인해 실제 마취제가 처음 도입된 당시 진통하는 산모에게 마취제 투여하는 일을 꺼리기도 했습니다.

하지만 빅토리아 여왕이 1853년 여덟 번째 아이인 레오폴드Leopold 왕자, 1857년 아홉 번째 아이인 베아트리스Beatrice 공주를 출산할 때 마취의사이자 현대 의학의 창시자 존 스노가 클로로포름을 사용한 것을 계기로 마취제를 둘러싼 논쟁은 사그라들었습니다.[43] 프랑스에서는 클로로포름 사용을 '여왕의 마취'라고 부르기도 했지요. 또한 "하느님이 아담을 깊이 잠들게 하시니 잠들매 그가 그 갈빗대 하나를 취하고……"라는 〈창세기〉 구절이 창조주 역시 무통 수술을 사용했음을 의미한다는 해석도 등장합니다.

8

입과 몸이 좋아하는 맛은
왜 다를까?

: 소화

음식이 인류 진화의
원동력이었다고?

프랑스의 법관이자 미식가 장 앙텔름 브리야사바랭 Jean Anthelme Brillat-Savarin 은 1825년 《미식예찬 La Physiologie du Goût 》에서 "한 나라의 운명은 식생활을 영위하는 방식에 달려 있다." "당신이 무엇을 먹는지 말해준다면 당신이 어떤 사람인지 알려주겠다."라고 말했습니다.

　이 말처럼 먹고 사는 문제는 우리 삶에서 매우 중요하지요. 사람들은 음식을 섭취하지 않은 채 얼마나 오랜 기간 버틸 수 있을까요? 물론 물, 비타민, 무기질만 몸에 보충해준다면 사람들은 열량이 있는 음식을 먹지 않고도 상당 기간 견딜 수 있습니다. 가장 오랫동안 버틴 기록은 382일입니다. 1965년 207킬로그램이었던 스물일곱 살 앵거스 바비에리 Angus Barbieri 는 비만 치료를 위해 의료진의 관찰 아래 단식에 돌입했습니다. 그는 382일 동안 크게 아프지 않고 체중의 60퍼센트인 125킬로그램을 감량하는 데 성공했습니다. 우리 몸은 여분의 에너지를 저장하는 데 탁월하지만, 대부분 이 정도까지 버티기는 어렵습니다.

　먹고 사는 문제는 단순히 원초적인 욕구를 해소하는 차원보다 더 심오한 의미를 지닙니다. 인류의 조상이 진화하는 동안 일어났던 직립보행이나 뇌 크기의 증가 같은 중요한 변화는 어떤 음식을 어떻게 구해서 먹느냐에 관한 문제와 깊은 관련이 있기 때문입니다. 이를테면 '자세섭식 가설postural feeding hypothesis'을 예로 들 수 있는데, 직립한 자세에서 앞발을 뻗을 수 있게 되면 나무에 매달린 과일을 따 먹기 쉬워 생존과 번식에 유리했을 거라는 가설입니다.[1] 먹고 사는 문제가 직립 보행을 유도한 선택압 중의 하나였다는 거지요.

사람의 뇌는 다른 어떤 동물과 비교해도 몸체에 비해 크고 에너지도 많이 사용합니다. 사람의 뇌 무게는 체중의 2퍼센트에 불과하지만 총 에너지의 20퍼센트를 사용하기도 하는데, 이를 위해서는 에너지를 확보할 만한 특별한 진화적 전략이 있어야만 합니다. 이를 설명하기 위해 육식 가설과 요리 가설이 등장했지요. 육식 가설은 사람들의 식단이 채식 위주에서 에너지가 풍부한 육류를 먹는 쪽으로 바뀌었다는 주장이고, 요리 가설은 불을 이용한 요리를 통해 효과적으로 에너지를 얻을 수 있게 되었다는 주장입니다.[2]

특히 요리 가설 또는 화식火食 가설은 리처드 랭엄Richard Wrangham의 《요리 본능Catching Fire》에 잘 설명되어 있습니다. 매일 1,800칼로리를 섭취하는 성인 침팬지는 하루에 6시간 이상을 음식을 씹는 데 보냅니다. 이는 한 시간에 약 300칼로리를 섭취한다는 말이 됩니다. 반면 사람의 경우 성인이 하루에 세 끼를 먹어도 식사 시간만 따지면 한 시간이 채 걸리지 않습니다. 따라서 시간당 2,000~2,500칼로리를 섭취한다는 계산이 나오죠. 이는 침팬지와 비교할 때 여섯 배가 넘는 차이입니다. 먹는 데 투자하는 시간이 적어도 많은 에너지를 얻을 수 있는 이유는 요리로 음식물의 구조를 변형해 영양분을 쉽게 소화할 수 있게 된 덕분입니다.

펠리페 페르난데스아르메스토는 《음식의 세계사 여덟 번의 혁명 Near a Thousand Tables: A History of Food 》에서 "요리가 식사 시간을 만들었고 그에 따라 사람들이 하나의 공동체로 조직화되기 시작했다."라고 이야기합니다. 불로 요리한 음식을 섭취함으로써 인류의 일과는 완전히 재편성됩니다. 이런 맥락에서 보면, 인간을 '요리하는 동물'이라고 정의한 스코틀랜드의 전기 작가 제임스 보즈웰을 이해할 수 있지요.

'비싼 조직 가설 expensive-tissue hypothesis '도 빼놓을 수 없습니다. 이 가설은, 사람의 소화계통 digestive system 은 음식물을 소화하고 흡수하는데 에너지를 적게 사용하므로 쉽게 에너지를 확보하고, 뇌가 에너지를 많이 소비하더라도 감당할 수 있다고 주장하지요.[3] 육류를 익혀 먹어서 에너지를 효과적으로 얻고 소화와 흡수에 필요한 에너지를 줄이니 음식량을 늘리지 않으면서도 아주 효율적으로 충분한 에너지를 얻을 수 있게 된 겁니다. 물론 이런 가설들이 비판의 가능성이 없는 것은 아니지만 먹고 사는 문제가 인류의 진화와 밀접한 관계가 있음은 부정하기 어렵습니다.

사람들은 배가 고프면 먹을 것을 찾지만 아무거나 먹으려고 하지는 않아요. 맛있는 음식을 더 많이 찾고 좋아합니다. 특히 단맛에 대한 선호도가 높은데, 어린아이일수록 더욱 그러하지요. 그렇다면 우리 몸에 단맛을 선호하는 프로그램이 깔려 있다고 볼 수 있지 않을까요? 단맛을 선호하는 것 또한 진화적 적응의 산물로 생겨난 걸까요?

역사를 움직인 단맛

노예무역은 원래 이슬람에 의해 조직화되었으나 이를 극단으로 치닫게 한 건 유럽 사람들이었습니다.[4] 대서양 노예무역은 인권의 역사에서 가장 큰 오점으로 남아 있지요. 유럽 사람들이 자행했던 대서양 노예무역은 16세기 이후 300년 이상 지속되었고, 이로 인해 1200만 명의 아프리카 노예가 사로잡혀 대서양을 건넜으며 이 가운데 200만 명은 신대륙의 땅을 디뎌보지도 못한 채 죽어갔습니다. 신대륙에서는 왜 그토록 많은 노예가 필요했을까요? 어떤 욕망 때문에 이런 참담한 일이 벌어진 걸까요?

작가이자 식물학자 베르나르댕 드 생피에르Bernardin de Saint-Pierre는 커피와 설탕이 많은 사람을 불행하게 만들었다고 말합니다. 실제로 노예무역과 인종차별이라는 비극의 정점에는 설탕이라는 상품이 있었습니다. 유럽과 아프리카, 아메리카를 잇는 삼각무역이 활발해지고 초콜릿, 커피, 차가 유럽으로 유입되자 설탕의 수요가 크게 늘었지요. 특히 영국은 설탕 무역으로 막대한 부를 창출했으며 이 덕분에 산업혁명을 이끌고 세계 금융의 중심지로 부상할 수 있었습니다. 항해기술과 농업기술, 그리고 설탕 무역으로 표출된 단맛에 대한 인간의 욕망이 역사의 흐름에 큰 영향을 끼쳤던 겁니다.

단맛은 우리의 삶 속에 깊이 배어 있습니다. 대표적인 예로는 '달면 삼키고 쓰면 뱉는다.'라든지 '단맛 쓴맛 다 보았다.'와 같은 속담이 있습니다. 흔히 단맛은 좋고 즐겁고 긍정적인 경험에, 쓴맛은 싫고 괴롭고 불쾌한 경험에 비유됩니다. 일상에서 흔히 사용되는 '달콤하다 '달달하다' '스위트하다'라는 표현에서도 단맛이 얼마나 긍정적인 느낌을 주는지 쉽게 알 수 있습니다.

단맛에 대한 탐닉은 인간의 역사와 문화 속에 여러 흔적으로 남아 있지요. 고대 인도에서는 설탕을 정제하는 기술이 상당히 발전했고 디저트 요리법도 있었습니다.[5] 영어 단어 'sugar'와 'candy'는 설탕의 질을 나타내는 인도 산스크리트 용어인 'sarkara'와 'khanda'에서 유래했다고도 하지요. 중세까지 설탕은 음식의 맛을 변화시키고 품격을 높이는 첨가물로 주목을 받았습니다. 또한 의약품으로도 간주되어 토마스 아퀴나스Thomas Aquinas는 설탕 섭취가 종교적 금식을 어기는 것에 해당하지 않는다고 말했지요.

때로는 단맛의 유혹이 치명적인 결과를 낳았습니다. 고대 로마에서는 포도를 납 용기에 넣고 끓여서 사파sapa라는 단맛 시럽을 만들었습니다.[6] 문제는 포도즙과 납 용기 사이에서 화학반응이 일어나 독성이 강한 아세트산납이 만들어진다는 거였죠. 로마 지배층이 사파를 즐기는 바람에 로마가 멸망했다는 주장도 있습니다.[7] 아세트산납은 그 후로도 수백 년 동안 와인에 감미료로 첨가되었는데, 루트비히 판 베토벤Ludwig van Beethoven은 아세트산납의 희생자로 흔히 언급되는 유명인사입니다.[8]

단맛을 감지하는 과정은 입안 맛봉오리세포의 수용체에 단맛 물질이 결합하는 것으로부터 시작됩니다. 단맛 수용체에 결합하는 부위와 결합 강도는 단맛을 내는 물질마다 다르므로 단맛의 정도가 달라지지요.[9] 물론 단맛을 느끼는 정도는 시각적, 후각적 자극이나 심리적 영향, 다른 미각 자극이나 온도 등에 따라서도 상당히 달라질 수 있습니다. 또한 나이를 먹을수록 맛봉오리의 수가 줄어들고 맛봉오리세포의 갱신 속도가 느려지므로 중추신경의 정보 처리 문제와는 별개로 미각이 둔해지게 됩니다.[10]

사람마다 단맛에 대한 선호도가 조금씩 다른데, 이러한 현상은 단맛 수용체의 유전자형 차이 때문일 수도 있습니다.[11] 이런 차이는 섭식 양상과 같은 표현형의 차이를 만들 수도 있습니다. 실제 'TAS1R2'라는 단맛 수용체 유전자의 염기서열 차이에 따라 탄수화물 섭취 정도와 섭식 행동이 다를 수 있다는 연구 결과가 발표되었습니다. 또한 TAS1R2나 TAS1R3 유전자의 염기서열 차이는 어린아이들의 충치 발생 위험도와 관련 있다는 보고가 있습니다. 물론 유전자 결정론적 시각으로 해석하는 것은 경계할 필요가 있겠지요.

흥미롭게도 고양이는 단맛을 느끼지 못하는데, 이는 돌연변이로 인해 TAS1R2 유전자가 작동하지 않기 때문입니다.[12] 고양이뿐만 아니라 점박이하이에나, 바다사자, 물개, 작은발톱수달 등의 육식동물도 유전자 돌연변이로 인해 TAS1R2가 전혀 기능하지 않죠.[13] 아마도 이들은 육식동물이라서 당을 맛보는 능력이 없어도 생존과 번식에 큰 지장을 받지 않았을 겁니다. 이는 미각이 진화적으로 중요한 의미를 지녔음을 보여주는 단서가 되지요.

맛있는 음식은 어째서
몸에 나쁠까?

단맛은 입 안에서 감지해 뇌에서 인식하는 감각 중 하나입니다. 따라서 단맛을 내는 당은 늘 우리 몸과 뇌에 주문을 걸어놓습니다. 배가 불러도 그만 먹지 못하고 후회를 하면서도 탐닉할 수밖에 없도록 말이죠. 이건 우리 의지가 빈약한 탓이 아니에요. 우리 몸이 근본적으로 그렇게 만들어져 있기 때문입니다. 이러한 사실은 에너지 수급이 쉽지 않았던 구석기시대를 떠올리면 쉽게 이해할 수 있습니다.[14]

단맛은 주요 에너지원인 탄수화물이 음식물 속에 많이 포함되어 있다는 지표입니다. 그래서 우리는 단맛을 긍정적인 경험, 즉 맛있는 것으로 간주하도록 적응한 것입니다.[15] 에너지 함량이 높은 기름진 음식을 맛있게 여기는 것도 마찬가지 이유입니다. 짠맛을 좋아하는 것 역시 소금을 구하기 어려운 시절 생존과 번식에 유리한 형질이었습니다.

신석기혁명 이후부터 사람들이 농경 생활을 시작하면서 먹을거리를 그나마 안정적으로 확보할 수 있게 되었습니다. 그 이전 수렵채집 시기에는 계절에 따라 환경 변화가 심했으므로, 시간이 흐르면서 사람들은 식량이 넘치거나 부족한 상황에 잘 적응할 수 있도록 진화했지요. 무엇보다도 태어난 뒤 성인이 될 때까지 오랜 기간이 걸리는 인류에게는 에너지 확보 전략이 매우 중요했습니다. 그 때문에 우리 조상은 달고 기름진 음식을 좋아하게 되었고, 에너지를 신체에 효율적으로 저장할 능력을 갖추게 되었습니다.

우리가 식량을 쉽게 구할 수 있게 된 것은 산업혁명 이후입니다. 산업혁명으로 농업 생산성이 향상되고 식품 가공과 보관 기술이 발전하면서 음식물을 싼 가격에 쉽게 구매할 수 있게 되었습니다. 이렇게 되자 굶주림이 생존을 위협할 때 매우 유용했던 단맛에 대한 선호나 에너지 저장 능력은 오히려 해로운 형질이 되고 말았습니다. 달고 기름진 것을 많이 먹을 수 있게 되자 살이 찌고 당뇨나 고혈압과 같은 대사질환이 생기기 쉬워진 거죠.

고인류학자 대니얼 리버먼Daniel Lieberman 은《우리 몸 연대기The Story of the Human Body: Evolution, Health, and Disease》에서 당뇨나 고혈압과 같은 대사질환은 구석기시대의 유전자를 가진 우리 몸이 오늘날의 급작스러운 식생활 환경 변화에 적응하지 못해서 생기는 '불일치 질환'이라고 지적했습니다. 이뿐만 아니라 교통수단과 통신수단이 발달해 사람들의 운동량이 줄어들었습니다. 늘 걸어서 장거리를 이동할 수밖에 없었던 수렵채집 생활과 오늘날 우리의 일상생활은 너무나 대조적입니다.

사람은 그 어떤 영장류보다도 체지방을 많이 가지고 있습니다. 영장류는 대개 체지방이 3퍼센트로 태어나서 성장이 끝나면 6퍼센트가 됩니다. 이와 달리 사람은 15퍼센트로 태어나서 아동기에 25퍼센트 정도까지 증가했다가 성인이 되면 남자는 10퍼센트, 여자는 15~20퍼센트로 줄어듭니다. 고열량인 지방이 인간에게 특별히 필요한 이유 중의 하나는 그 어떤 동물보다도 뇌가 크고 에너지도 많이 쓰기 때문이라고 추정됩니다.[16] 이러한 진화적 적응이 산업혁명 이후 최근 200년 사이 갑자기 환경이 바뀌면서 이제는 해로운 특성이 되어 버린 거지요.

더군다나 지난 50년 동안 우리는 과당fructose 을 얼마든지 먹을 수 있게 되었습니다. 1970년대부터 미국에서는 옥수수 재배가 점점 늘어났는데, 이때부터 미국인의 비만 및 대사 질환 발병도 크게 늘어났습니다. 이런 역학적 변화에는 액상과당, 즉 고과당 옥수수 시럽의 소비량 증가가 크게 기여한 것으로 보입니다.[17] 문제는 인류의 역사에서 우리 몸이 지금처럼 다량의 과당에 노출된 적이 없었으므로 과당을 처리하는 일에 익숙하지 않다는 점입니다.

일정량의 에너지 소모가 필요한 포도당 흡수와 달리 과당은 에너지를 사용하지 않고도 소장상피세포에서 흡수될 수 있습니다.[18] 과당은 배고픔의 화학적 신호로 잘 알려진 위장관 호르몬의 일종인 그렐린ghrelin 의 수치를 높입니다.[19] 따라서 과당은 포만감을 느끼도록 하는 대신 오히려 더 먹고 싶은 욕구를 불러일으킵니다. 더군다나 과당은 인슐린 분비를 촉진하지 않고 대부분 간에서 흡수되어 지방 합성에 쓰이지요. 이러한 이유로 인해 과당은 비만과 대사질환이 발생할 위험을 높이게 됩니다.[20]

에너지 확보가 쉽지 않았던 시절 단맛을 즐기고 살이 잘 찌는 형

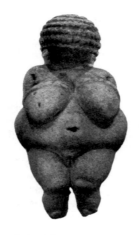

8-1 빌렌도르프의 비너스

질은 생존과 번식에 더할 나위 없이 유리했을 겁니다. 실제 식량이 부족한 문화권에서는 건강하고 풍만한 체형을 선호하는 것으로 알려져 있습니다. 기원전 2만 5,000년경 만들어진 것으로 추정되는 '빌렌도르프의 비너스Venus of Willendof' 조각을 보면 아름다움의 기준이 사회문화적 맥락 속에서 변해온 것을 짐작할 수 있습니다. 그림 8-1

　　페테르 파울 루벤스Peter Paul Rubens 의 〈삼미신三美神 〉 역시 허리와 엉덩이 둘레의 비율waist-to-hip ratio, WHR 이 0.81로 살짝 비만인 몸매입니다.[21] 화보 9 미국 국립 당뇨병·소화기·신장 질환 연구소National Institute of Diabetes and Digestive and Kidney Diseases, NIDDK 에서는 여성의 경우 WHR 값이 0.8을 넘으면 비만으로 보고 있지요. 흥미롭게도 기원전 500년경부터 최근까지 예술작품을 분석한 연구 결과를 살펴보면 기원전 500년부터 기원후 400년까지는 작품 속 여성의 WHR 값이 0.75로 나오지만, 15세기 이후부터 점차 감소하여 0.7에 이릅니다.[22] 미에 대한 인식은 진화적 전략과 문화적 혁신이 서로 얽히면서 이루어진다고 말할 수 있겠네요.

비만이 유전자 문제라고?

음식 섭취로 들어오는 에너지와 운동으로 빠져나가는 에너지 차이만큼 우리는 살이 찌거나 빠집니다. 여분의 에너지가 생기면 지방조직을 이루는 지방세포adipocyte에 즉시 사용 가능한 중성지방triglyceride으로 저장됩니다. 지방조직은 주로 피부 밑이나 내장 주위 등에 널리 퍼져 있지요. 성인에겐 보통 400억 개 정도의 지방세포가 있는데 비만이면 지방세포 수가 1,000억 개를 넘을 수 있다고 합니다.

지방은 에너지 저장 도구로서 몇 가지 이로운 점이 있습니다. 우선 지방은 에너지를 많이 함유하면서도 상당히 가벼워서 큰 문제 없이 많은 양을 몸에 지닐 수 있습니다. 또한 지방은 열의 분산을 막고 열을 저장하므로 저온 환경에 대한 적응력을 높입니다. 이와 더불어 지방은 우리 몸의 장기를 기계적으로 보호하는 작용도 할 수 있습니다. 따라서 추운 날씨와 기근에 시달리는 상황에서 지방을 저장하는 능력은 생존과 번식에 큰 도움이 되는 진화적 전략임이 분명합니다.

지방조직은 지방을 저장할 뿐만 아니라 내분비 기관으로도 작용하여 호르몬이나 성장인자를 분비합니다. 비만과 관련하여 큰 주목을 받았던 '렙틴leptin'도 지방세포에서 분비되는 호르몬입니다. 렙틴의 발견 이야기는 미국의 유명한 비영리 연구기관인 잭슨랩Jackson Laboratory

에서 우연히 뚱뚱한 생쥐가 태어난 1949년으로 거슬러 올라갑니다.[23] 이 생쥐는 식탐을 주체하지 못해 다른 생쥐보다 체중이 세 배까지 더 나갔습니다. 유전학적 분석을 통해 이 생쥐의 비만이 열성으로 유전된다는 걸 알아냈습니다.

이 비만 생쥐로 인해 주로 심리학적으로 접근했던 비만이 생물학적 문제로 전환되었습니다. 즉 비만을 의지의 문제로만 볼 것이 아니라 유전자로 결정되는 부분에 주목할 필요가 있다고 생각하기 시작한 거지요. 이는 비만을 이해하고 대응하는 방식에도 엄청난 변화를 가져왔습니다. 비만을 결정하는 이 가상의 유전자를 가리켜 뚱뚱하다는 뜻의 영어 단어 'obese'에서 알파벳 첫 글자를 따서 'ob 유전자'라고 불렀습니다. 이 비만 유전자를 찾기만 하면 비만의 생물학적 비밀을 풀어내고 비만 문제로부터 해방될 수 있을 것만 같았습니다.

1994년 제프리 프리드먼 Jeffrey M. Friedman 은 분자유전학 방법을 사용하여 돌연변이로 망가진 비만 유전자를 찾아냈습니다.[24] 이 유전자가 정상적으로 작동하면 식욕을 억제하여 살이 찌지 않기 때문에 말랐다는 뜻의 그리스어 '렙토스 leptos'에서 따와 '렙틴'이라고 이름을 붙였지요. 이 연구 결과는 발표되자마자 엄청난 관심을 불러일으켰습니다. 인슐린이 불치의 병이었던 당뇨병 환자들을 구원한 것처럼 렙틴이 비만 문제를 해결해 줄 거라고 여겼던 거지요. 실제 유전공학 기술로 렙틴을 만들어 비만 생쥐에 주입했더니 체중이 감소한다는 결과도 얻었습니다.[25]

이어 1997년 두 어린이의 고도 비만이 렙틴의 선천성 결핍과 관련된다는 연구 결과가 발표되었습니다.[26] 생쥐와 마찬가지로 사람의 몸에서도 렙틴이 식욕과 대사를 억제하는 기능이 있음을 확인한 겁니다. 바이오테크 기업인 암젠Amgen은 이 호르몬을 비만 치료제로 사용하기 위해 프리드먼이 소속된 록펠러대학교에 2,000만 달러를 지불했습니다.[27] 하지만 기대가 크면 실망도 큰 법이죠. 1999년 이루어진 임상시험 결과는 너무나도 실망스러웠습니다. 렙틴의 체중 감소효과가 거의 나타나지 않았던 거지요.[28]

렙틴 주사는 렙틴 유전자에 문제가 생겨 고도 비만이 되는 특별한 경우에만 효과가 있었습니다. 문제는 대부분의 비만 환자에서 렙틴 유전자의 이상이 발견되지 않는다는 것입니다. 오히려 비만 환자의 혈중 렙틴 수치가 더 높게 나오는 경향을 보였습니다. 비만은 대부분 렙틴 부족이 아니라 렙틴에 대해 반응하지 않는 저항성의 문제가 원인인 것입니다. 식욕을 줄이고 대사를 늘리라는 렙틴의 명령에 저항하므로 렙틴을 주사한다고 해도 별 효과가 없었던 거지요.

아직까지 기적의 비만 치료제는 과학자의 눈에 제대로 포착되지 못한 상태입니다. 사실 비만과 관련된 분자 기전 또한 밝혀지지 않는 게 많습니다. 최근 들어 장내 미생물의 분포가 비만과 관련 있다는 보고도 많이 나오고 있습니다.[29] 장내 미생물은 우리 몸이 소화하지 못하는 음식물로부터 에너지원을 만들어내는 등 다양한 방식으로 인체의 대사에 영향을 줍니다. 장내 미생물이 또 다른 기적의 신약 개발로 이어질 수 있을지는 조금 더 지켜봐야 합니다. 어쨌든 덜 먹고 더 움직이는 것보다 나은 전략이 나올 수 있을지는 의문이지요.

스페인 왕실의 비만 관람

〈괴물 La Monstrua〉이라 불리는 후안 카레뇨 데 미란다 Juan Carreño de Miranda 의 그림 두 점은 상당히 인상 깊습니다. 화보 10 이 그림은 에우헤니아 마르티네스 바예호 Eugenia Martinez Vallejo 라는 여자아이의 초상화입니다. 한 그림은 옷을 입은 모습 vestida 을, 다른 한 그림은 옷을 벗은 모습 desnuda 을 그렸습니다. 그림 속 에우헤니아는 입이 작고 입꼬리가 내려가 있으며, 손발이 작고 아몬드 모양의 눈이 특징적입니다.

그림에 묘사된 에우헤니아는 비정상적으로 뚱뚱한 고도 비만입니다. 〈옷을 입은 괴물〉에서는 양손에 사과와 빵을 잡은 모습을, 〈벌거벗은 괴물〉에서는 한 손에 포도를 쥐고 있는 모습을 그렸습니다. 후안 카레뇨가 카를로스 2세 Carlos II 의 지시에 따라 에우헤니아의 모습을 그림에 담을 때 음식에 집착하는 행동 습관이나 과식하는 모습을 강조해서 표현했을 것으로 추정됩니다.[30]

1680년 여섯 살의 에우헤니아는 카를로스 2세의 왕궁으로 왔습니다. 모임이나 축하 자리에서 황실 사람이나 손님에게 보여주려고 데려온 것으로 보입니다. 당시 에우헤니아의 키는 보통이었으나 몸무게가 70킬로그램이나 나갈 정도로 고도 비만이었습니다. 에우헤니아의 이런 모습은 상당한 충격을 불러일으켰습니다. 지금은 상상하기 어렵지만, 당시 스페인 왕실에서는 기형적으로 생긴 아이를 불러들여 장난감처럼 취급하며 놀았습니다.

여러 정황을 봤을 때 후안 카레뇨가 그린 에우헤니아는 프라더윌리 증후군 Prader-Willi syndrome 의 전형적인 특징을 보입니다.[31] 이 질병이 있는 신생아는 근육 긴장 저하, 지적장애, 생식샘 기능 저하, 성장 호르몬 부족 등의 징후를 보이고, 아동기 이후에는 작은 키, 비만, 과식증, 지적장애, 행동 장애 등의 증상이 나타납니다. 특히 프라더 윌리 증후군 아동의 75퍼센트에서 비만 증상이 나타나는데, 뇌에 있는 시상하부의 기능에 문제가 생겨 식욕이 지나치게 증가하기 때문입니다.

사실 비만을 일으키는 유전적 돌연변이는 렙틴 유전자 말고도 계속해서 밝혀지고 있습니다.[32] 유전체 기반의 연관 관계 연구를 통해 현재까지 염색체에서 1,100곳 이상의 위치가 비만과 관련된 것으로 알려져 있습니다. 비만은 이처럼 복잡하고 쉽게 이해하기 힘든 현상입니다. 더군다나 비만은 시대에 따라 때로는 풍요와 미의 상징으로, 때로는 사회적 차별로, 때로는 의학적 관리의 대상으로 의미가 변해왔습니다. 이런 점은 비만을 잘 이해하려면 생물학에만 갇혀서 될 문제가 아니라 관점을 넓히는 노력이 얼마나 중요한지 잘 보여줍니다.

소화는 생물학적
문제이기만 할까?

21세기에 접어들어 빅데이터의 등장과 데이터 분석 기술의 발전에 힘입어 '네트워크 생물학'과 '네트워크 의학'이라는 용어가 새롭게 등장했습니다.[33] 주로 통계물리학에서 다루는 네트워크의 관점에서 생명현상과 질환을 이해하여 새로운 진단 혹은 치료 전략을 수립하는 분야이지요. 실제 네트워크 관점에서 보면 생명체의 대사 과정이나 유전자 상호작용은 소셜이나 인터넷 네트워크와 매우 흡사한 모습을 보였습니다.[34] 이는 곧 네트워크를 기반으로 생물학을 새롭게 이해할 수 있다는 의미가 됩니다.

　네트워크란 점과 선으로 이루어진 그래프로서, 각 대상과의 관계를 추상화해 표현한 것입니다. 그래서 유전자, 단백질, 세포, 조직, 장기, 개체, 질환 및 표현형과 같은 생물학적 실체나 개념을 점으로, 이들 사이의 연관 관계나 상호작용 같은 관계성을 선으로 나타내지요. 네트워크를 분석하면 구심점으로 작용하는 유전자나 신호 경로를 새롭게 찾을 수 있습니다. 따라서 이러한 네트워크 분석은 생명현상이나 질병의 복잡성을 체계적으로 탐색하고 이해할 수 있는 일종의 플랫폼입니다.

2007년 의학 분야의 저명학술지 《뉴잉글랜드 저널 오브 메디신 New England Journal of Medicine 》에 비만이 사회적 관계망을 통해 전파된다는 논문이 발표되었습니다.[35] 1971년에서 2003년까지 32년간 총 1만 2,067명의 사회적 관계망을 기반으로 어떤 한 사람의 체중 증가가 그들의 친구, 형제자매, 배우자 그리고 이웃들의 체중 증가와 어떻게 연관되는지 추적했습니다. 이 소셜 네트워크를 바탕으로 비만 발생을 분석한 결과 비만은 무작위로 나타나지 않았으며, 비만인 사람과 사회적 관계가 가까울수록 같이 비만이 될 가능성이 컸습니다.

이 결과는 비만이 사회적 관계를 따라 전파된다는 증거입니다. 다시 말해 비만은 전염병과 유사한 속성이 있다는 거지요. 사실 사회적 관계가 가까울수록 식생활 습관에서 공통점을 지닐 가능성이 큽니다. 그러다 보니 어떤 한 사람이 살이 찌면 주변의 가까운 사람도 같이 살이 찔 확률이 올라갑니다. 그렇다면 개인 문제로 접근하기보다는 사회적 관계를 고려하여 접근한다면 비만을 효과적으로 치료할 수 있겠지요. 이렇듯 네트워크 분석은 생명현상이나 질환에 숨겨진 특징을 찾아내는 데 효과가 있습니다.

이러한 연구는 비만에 대응하는 전략을 어떻게 짜야 할지에 대해 중요한 질문을 던지고 있습니다. 사람은 사회적 관계 속에서 삶의 방식을 정하므로 비만 관리를 효과적으로 하려면 사회적 관계를 적절히 반영해야 한다는 점입니다. 반면 비만은 유전적, 사회적, 문화적 틀 속에서 이해해야 할 정도로 복잡하므로 비만을 치료하는 기적의 신약을 찾아내는 일은 요원한 문제가 되지 않을까 생각됩니다.

유당 소화, 유전자와 문화의 교차점

어른이 우유를 마시고 있어도 사람들은 전혀 이상하게 여기지 않습니다. 모유가 아닌 동물의 젖을 마실 때도 별다른 거부 반응이 일어나지 않지요. 고대 로마의 시인 베르길리우스의 서사시에 나오는 로마의 건국 신화에 따르면, 로마를 세운 로물루스와 그의 쌍둥이 형제 레무스는 늑대의 젖을 먹고 자랐다고 합니다. 이로 인해 늑대는 로마의 상징이 되었습니다.그림 8-2

8-2 페테르 파울 루벤스, 〈로물루스와 레무스〉, 1616년경, 로마 카피톨리노 박물관

그러나 인류의 역사를 돌이켜볼 때 다 큰 어른이 우유를 마실 수 있게 된 것은 불과 1만 년 남짓한 시간 사이에 일어난 일입니다. 게다가 우유를 마실 수 있는 어른은 전 세계 성인 인구의 30퍼센트 정도에 불과하지요. 65~70퍼센트는 우유에 포함된 유당을 제대로 소화하지 못해 우유를 마시면 복부 팽만, 복통, 설사 등 유당불내증lactose intolerance 증상이 나타납니다.[36] 두 살이 지나면서 유당분해효소인 락타아제lactase의 생산량이 줄어들기 때문입니다.[37] 모유를 먹는 건 늦어도 서너 살 정도까지라는 점을 생각하면 락타아제 생산이 줄어드는 이유를 짐작할 수 있습니다. 유당을 섭취할 일도 없는데 락타아제를 계속해서 생산할 이유가 없기 때문입니다.

하지만 북유럽의 스웨덴과 덴마크, 아프리카의 수단, 중동의 요르단, 남아시아의 아프가니스탄 등지에서는 어른들도 우유를 잘 마십니다. 이 지역에서는 어른이 되어도 락타아제를 잘 만들어내는 사람이 70~90퍼센트나 됩니다. 우유를 못 마시는 게 오히려 이상한 셈이지요. 이런 현상이 일어나는 이유는 어른이 되어서도 락타아제가 계속 만들어지는 '락타아제 지속성lactase persistence' 덕분입니다. 공교롭게도 이 지역들의 공통점은 모두 오랜 기간 낙농업을 해온, 즉 우유를 많이 마시는 문화가 형성된 곳이라는 점입니다.

이러한 사실은 1만여 년 전 낙농업 등장 후 락타아제가 계속 만들어지는 유전자 돌연변이가 상당히 빨리 퍼져나갔을 거라는 가능성을 제기합니다. 실제 유전학 연구를 통해 어른이 되어도 우유를 문제없이 잘 마시는 사람은 락타아제가 지속적으로 만들어지는 돌연변이를 가졌다는 것이 밝혀졌습니다.[38] 흥미롭게도 스웨덴에서 발견되는 돌연변이는 아프리카의 수단에서 보이는 돌연변이와 염기서열의 위치가 서로 달랐습니다. 지역별로 각각 다르게 돌연변이가 생겨났는데도 결과는 모두 같기 때문에 어른이 되어서도 우유를 마실 수 있게 된 것입니다.

낙농 문화가 락타아제 지속성과 관련된 유전적 변이를 선택하고 이러한 선택이 다시 낙농 문화를 확산시킨다는 점에서, 유전자와 문화의 상호작용에 주목한 마크 펠드먼Marc Feldman과 루이지 루카 카발리 스포르차Luigi Luca Cavalli-Sforza의 '유전자-문화 공진화 이론'이나 로버트 보이드Robert Boyd와 피터 리처슨Peter Richerson의 '이중유전 이론'이 떠오르기도 합니다. 물론 낙농과 락타아제 지속성 돌연변이의 출현 시기가 잘 연결되지 않고, 장내 미생물의 유당 소화 작용도 우유 섭취에 영향을 줄 수 있다는 반론의 여지도 있습니다. 또한 기근과 전염병이 유당을 잘 소화하는 사람이 살아남도록 하는 선택압으로 작용했다는 견해도 있습니다.[39]

어쨌거나 유전자와 문화의 공진화라는 관점은 새로운 인식의 틀을 제공한다는 점에서 큰 의미가 있습니다. 락타아제 지속성 돌연변이가 없는 성인에게 우유는 독소가 됩니다. 그러나 유전적 변이로 인해 락타아제를 계속 만들어낸다면 뛰어난 영양소를 계속 공급받을 수 있지요. 실제 락타아제 지속성 돌연변이를 가진 사람의 번식력이 그렇지 않은 사람보다 최대 19퍼센트나 높았다는 연구 결과도 있습니다.[40] 우유는 매우 뛰어난 기근 대비책이었으므로 락타아제 지속성 돌연변이는 그 어느 유전자보다 강력한 생존력을 제공했을 것입니다.

한편 중동의 비옥한 초승달 지역과 폴란드 중부의 비옥한 평야에서 발굴된 도자기에 남아 있던 유지방을 분석한 결과, 유럽 사람들은 6,800~7,400년 전부터 치즈를 만들어 먹었다는 사실이 밝혀졌습니다.[41] 북아프리카 사람들은 7,000년 전부터 요구르트를 만들어 먹었죠.[42] 우유의 발효는 중요한 의미가 있는데, 발효 과정 동안 유당이 제거되기 때문입니다. 따라서 락타아제 지속성 돌연변이를 가지고 있지 않더라도 우유 성분을 섭취할 수 있게 됩니다. 달리 말해 유전자의 부적응을 상쇄하면서 생존력을 향상하는 문화적 계책을 만들어낸 것입니다.

이쯤에서 한 가지 질문이 떠오르네요. 우리 몸에서 일어나는 소화와 대사 작용을 이해한다는 것은 무엇을 의미할까요? 생물학 지식을 이해하는 데 그치는 것이 아니라 인류의 역사와 문화를 돌이켜보고 교차시키는 일이라고 볼 수 있지 않을까요?

9

노화를 막거나
되돌릴 수 있을까?

: 노화

늙음은 죽음을 향한
자연스러운 과정일까?

피렌체에 위치한 산타 마리아 노벨라 성당에 가면 마사초Masaccio 의 벽화 〈성 삼위일체〉를 볼 수 있습니다. 화보 11 이 벽화는 수학적 법칙에 근거해서 그려진 최초의 그림으로 유명합니다. 하느님과 십자가에 못 박힌 예수, 비둘기 아래로 예수를 가리키는 성모와 맞은편의 성 요한, 그리고 그 밑에 무릎을 꿇고 앉아 있는 기부자 부부가 그림 위쪽부터 차례로 눈에 들어오지요. 최초로 회화에 원근법이 적용된 것임에도 불구하고 마치 벽을 파낸 것 같은 완성도 높은 공간감에 당대 사람들은 큰 충격을 받았습니다.

벽화 아래쪽 끝으로 시선을 옮기면 석관에 놓인 해골 위에 쓰인 "한때 나도 그대와 같았고, 그대도 언젠가 지금의 나와 같아지리라.IO FU' GIÀ QUEL CHE VOI SETE, E QUEL CH'I' SON VOI ANCO SARETE "라는 문구가 눈에 들어옵니다. 골고다에 묻힌 아담을 상징하는 해골은 죽음을 기억하라는 메멘토 모리memento mori 를 상기시키면서 육체적 죽음과 영원한 삶의 약속을 대비하고 있지요. 우리의 유한한 삶에 대한 안타까움과 죽음에 대한 공포가 시간의 초월과 영원에 대한 갈망으로 이어지는 듯 보입니다.

인류가 처음 등장한 이후 지금까지 지구에서 살았던 사람은 1,000억 명이 넘는 것으로 짐작됩니다.[1] 1,000억 명 넘는 사람 중에서 가장 오래 산 사람은 몇 살까지 살았을까요? 공식적으로 120세를 넘긴 사람은 사실 한 명밖에 없습니다. 1875년 2월 21일에 태어나 1997년 8월 4일에 삶을 마감한 프랑스의 잔 칼망Jeanne Calment 입니다. 일각에서는 의문을 제기했지만 과학자 대부분은 잔 칼망이 122세까지 살았다고 생각합니다.[2] 하지만 이 정도로 오래 사는 것은 아주 예외적인 경우로 사람들은 대부분 100세 전에 사망하지요.

현재까지 죽음은 필연적이고 거부할 수 없는 일입니다. 과학의 발전에도 불구하고 우리는 아직 죽음의 시기를 조금 늦출 수 있을 뿐이죠. 영원히 죽지 않는 신을 경배하거나 스스로 신의 경지에 오르려고 노력하거나 사후 세계와 윤회를 고안해낸 것은 유한한 삶의 무상함과 죽음의 두려움을 어떻게든 피하려 했던 절실한 마음에서 비롯된 것입니다. 사람들은 왜 그토록 죽음을 피하고 싶어 하는 걸까요? 죽음이 아니라 혹시 죽음에 이르기까지 거쳐야 할 늙고 외롭고 힘들고 병든 모습을 피하고 싶은 게 아닐까요?

우리는 대부분 오랜 시간에 걸쳐 서서히 노쇠하면서 죽음을 마주할 수밖에 없습니다. 더군다나 기원전 3,000년경 본격적으로 문자가 사용되기 시작한 데 이어, 15세기에 들어 요하네스 구텐베르크가 인쇄술을 발명하자 노인에 대한 인식이 크게 바뀌었습니다. 문자가 탄생하기 전 전통 사회에서 노인은 지식의 유일한 원천으로 존경을 받았습니다. 하지만 정보가 쉽게 전승되고 확산되면서 노인의 역할이 애매모호 해지고 사회의 자산이라는 인식도 흔들리게 되고 말죠.

　　이러한 점에서 볼 때 죽음에 이르는 과정은 상당히 야만적이고 비극적입니다. 특히 불의의 사고로 삶을 마감하는 경우를 제외하면 누구나 노화 과정을 거쳐 죽음에 이르고 노화는 병에 시달릴 위험을 심하게 증가시킨다는 점에서 더욱 그러하지요. 이러한 양상은 노화가 마치 죽음의 비극적 원인인 것처럼 여겨지도록 하는데, 실제 17세기 유럽에서 사망확인서를 작성할 때 노화는 사망의 공식 원인 중 하나였습니다.[3]

　　노화가 사망의 원인이라는 설명은 20세기에 들어 유효하지 않게 되었습니다. 대신 노화보다 더 직접적이고 근원적인 사망 원인을 까다롭게 따지는 것이 중요해졌습니다. 과학의 발전으로, 어떠한 병 없이 사람이 죽는다는 생각은 없어진 거지요. 물론 나이가 들어감에 따라 각종 질병 발생의 위험이 높아진다는 사실은 부정할 수가 없습니다.

불로냐 장수냐 그것이 문제로다

새벽의 여신 에오스는 인간이었던 티토노스를 사랑한 나머지 제우스에게 간청해 영원한 생명을 얻게 해주었습니다. 하지만 영원한 젊음도 부탁하는 것을 깜빡했기에 티토노스는 온몸이 늙고 비틀어져 추한 모습을 한 채 영원히 살 수밖에 없었습니다.화보 12 결국 에오스는 티토노스를 매미로 만들어 버리고 말았지요. 티토노스의 비극적인 이야기는 오래 사는 것보다 늙지 않는 것이 훨씬 어려운 일임을 깨닫게 하는 듯합니다.

신화가 흔히 우리 의식이나 열망을 드러낸다는 점에서, 에오스와 티토노스의 이야기는 노화를 이해하기가 그만큼 어렵다는 걸 보여줍니다. 실제로 노화 연구는 서로 다른 주제가 복잡하게 얽힌 분야이지요. 노화를 억제하거나 늦추는 문제와 오래 살거나 죽지 않으려고 하는 문제는 서로 다른 것처럼 보이면서도 떼려야 뗄 수 없이 얽혀 있습니다. 여러 질문과 기대가 뒤섞인 만큼이나 노화 연구의 일관된 흐름을 파악하기도 쉽지 않아요. 이는 늙지 않고 오래 살고 싶어 하는 인간의 끝없는 욕심을 반영한다고도 볼 수 있습니다. 그렇다면 어떻게 해야 늙지 않거나 오래 살 수 있을까요?

동서양을 막론하고 오래 살기 위한 대표적인 방법 중의 하나는 금욕이었습니다. 고대 그리스의 히포크라테스도 최대한 적게 먹으라고 권했죠. 4세기의 수도사 에바그리우스 폰티쿠스Evagrius Ponticus 는 폭식을 죄악으로 여겼으며 하루에 한 끼밖에 먹지 않았습니다. 16세기 중반 루이지 코르나로Luigi Cornaro 는 《절제된 삶에 관한 담론Discorsi della Vita Sobria 》에서 소식의 건강증진 효과를 주장했지요.[4]

소식이나 절식의 효과를 과학적으로 조사한 것은 20세기에 들어와서였습니다. 제1차 세계대전이 끝날 무렵인 1917년 생애 초기에 먹이가 부족했던 탓에 제대로 자라지 못한 암컷 래트(동물 실험용 흰쥐)가 풍족하게 먹은 암컷보다 오히려 훨씬 오래 산다는 논문이 발표되었습니다.[5] 1935년 클리브 맥케이Clive McCay 연구진은 음식 섭취를 줄이는 체계적인 실험을 통해 소식이 래트의 수명을 연장할 수 있다는 것을 밝혔습니다.[6] 이어 음식 섭취를 줄이는 열량 제한이 평균수명을 연장한다는 연구 결과가 꾸준히 발표되고 있습니다.[7]

아직 결론을 내리기는 어렵지만, 사람의 경우에도 마찬가지로 열량 제한이 평균수명을 연장할 수 있다고 합니다.[8] 아마도 식량이 부족했을 때 오래 생존할 수 있는 능력을 획득한 개체가 생존과 번식에 유리했을 테지요. 따라서 적절한 열량 제한은 오히려 생존 메커니즘이 더 잘 작동되도록 만들어줄 겁니다. 열량 제한의 효과는 전반적으로 긍정적이지만 사람을 대상으로 한 연구는 변수를 통제하기가 쉽지 않은 등 여러 제약점이 있습니다. 그래서 좀 더 확실한 결론을 내리기 위해서는 앞으로 더 많은 연구가 필요합니다.

최근 들어 식이 조절이 아닌 화학적 방법으로도 열량 제한을 재현해낼 수 있다는 사실이 밝혀졌습니다. 당뇨병 치료제로 널리 사용되고 있는 메트포르민metformin은 AMPK 단백질의 활성을, 면역억제제로 널리 사용되고 있는 라파마이신rapamycin은 mTOR 단백질의 활성을, 프랑스 역설(프랑스인이 고열량 음식을 많이 섭취해도 심혈관 질환 발병률은 낮은 현상)을 설명해주는 항산화제로 큰 주목을 받고 있는 레스베라트롤resveratrol은 SIRT2 단백질의 활성을 조절함으로써 열량 제한을 했을 때 우리 몸에서 일어나는 반응을 재현해냈고 여러 동물 모델에서 수명을 늘리는 효과가 나타났습니다.[9] 하지만 이런 약물이나 화합물이 사람의 수명을 연장할 수 있을지는 아직 확실하지 않습니다.

장수 연구와 달리 노화 연구의 경우 실험 설계나 측정이 쉽지 않습니다. 더군다나 진화론적 관점에서 볼 때 노화는 과학적 연구의 대상으로 큰 주목을 받기도 어렵습니다. 노년의 삶에 많은 이로움을 부여하는 형질은 번식으로 대물림되기 어려우므로 자연선택의 대상에서 벗어나 있기 때문이지요.[10] 한편 젊었을 때 생존 이점을 제공했던 유용한 유전자가 나이가 들고 난 뒤에는 반대로 우리 몸에 해로운 영향을 미칠 수도 있습니다.[11] 예를 들면 p53이라는 유전자는 젊어서는 암 발생을 억제하지만 늙으면 세포사멸을 통해 노화를 촉진하기도 합니다. 이런 유전자는 대체로 오래 살지 못했던 옛날에는 별문제가 아니었으나 오늘날 기대수명이 늘어나면서 문제로 등장했을 수도 있습니다.

노화 과정 연구는 쉽지 않지만 20세기 후반부터 본격적으로 과학의 영역으로 편입되었습니다.[12] 단세포 효모에서 사람에 이르기까지 다양한 유기체를 분석한 결과 생존 곡선 패턴이 매우 비슷한 것으로 드러났지요.[13] 이는 실험 모델을 이용하여 노화 과정을 과학적으로 연구할 수 있음을 암시하는 것이었습니다. 꿀벌의 경우를 살펴보면, 유전적으로 똑같지만 여왕벌은 일벌보다 평균적으로 열 배 오래 삽니다. 이는 과학적 방법으로 노화 속도를 조절하는 후성유전학적 메커니즘을 밝히는 것이 매우 중요한 일임을 일러줍니다.

한편 노화를 가속하는 것으로 보이는 조기 노화 질환 역시 확인되었습니다.[14] 허친슨-길포드Hutchinson-Guilford 증후군이나 베르너Werner 증후군을 앓고 있는 환자는 골다공증, 백내장, 탈모, 피부 위축과 같은 전형적인 노화 관련 질병이 비정상적으로 어린 나이에 나타났지요. 이러한 발견은 노화의 속도가 생물학적 기전으로 통제되고 있는 과정이며, 따라서 충분히 과학적 탐구의 대상이 될 수 있음을 강력하게 시사합니다. 이렇듯 실험 증거가 쌓이면서 노화를 과학적으로 이해하고 노화 과정에 적극적으로 개입하려는 시도가 이어집니다.

노화를 치료할
과학적 방법이 있다고?

왜 우리는 속절없이 흐르는 세월을 두고 무상하다고 표현할까요? 우리에게 주어진 삶의 유한성 때문이 아닐까요? 아름다운 꽃이 열흘을 넘기지 못하듯 젊음도 쇠하는 것이 자연의 섭리이니까요. 죽음이라는 필연성 앞에 노화가 있다고 할 수 있을 정도로 노화는 죽음과 긴밀하게 연결되어 있습니다. 노화가 죽음의 직접적 원인은 아니더라도, 실제 노화가 일어나면 신체 기능이 떨어지고 생존 가능성이 줄어듭니다.

왜 우리는 젊음을 유지하지 못하고 늙는 걸까요? 노화는 의심의 여지 없이 생체 방어와 회복 및 재생과 같은 생체의 항상성 유지 기능을 점차 악화시킵니다.[15] 1990년 조레스 메트베데프Zhores Medvedev 는 지금까지 노화 이론이 이미 300가지 넘게 발표되었다고 정리한 바 있습니다.[16] 그만큼이나 노화가 복잡하고 본질을 파악하기 어려운 현상이란 뜻이지요. 몇 가지 잘 알려진 노화 이론을 소개하면 다음과 같습니다.[17]

인류는 역사 대부분 동안 요즘처럼 오래 살지 못했습니다. 이를테면 1816년부터 2016년까지 프랑스의 기대수명을 살펴보면 남자는

39.1세에서 79.3세로, 여자는 41.1세에서 85.3세로 두 배가량 늘어났습니다.[18] 그래서 오랫동안 살면서 손상된 몸을 보수하고 유지하도록 해주는 능력이 자연선택되기 어려웠던 거지요.[19] 더군다나 우리 몸은 체세포의 보존보다 번식에 더 많은 자원을 투자하므로 체세포에서 일어난 마모를 제대로 보수하기 힘들었습니다.[20] 따라서 진화적 관점에서 볼 때 우리는 노화를 억제하는 체계를 마련할 기회가 별로 없었죠.

1950년대와 60년대를 지나면서 과학자와 대중 모두 유전자 돌연변이의 축적이 노화를 일으킨다는 개념을 수용했습니다. 특히 데넘 하면Denham Harman 은 자유 라디칼free radical 이론을 내놓았는데, 유해한 활성산소가 DNA을 손상시켜 노화가 일어난다는 주장이지요.[21] 우리 몸에는 활성산소에 대응하는 항산화 기전이 존재합니다. 그러나 산화 스트레스oxidative stress 와 항산화 방어 사이의 균형이 깨지면 점점 세포가 손상되면서 노화가 촉진될 것으로 보입니다.

염색체 말단 부위인 텔로미어의 길이가 짧아지더라도 노화가 일어나는 것으로 알려져 있습니다.그림 9-1 레너드 헤이플릭 Leonard Hayflick 은 젊은 세포가 40~60번 정도 분열하면 텔로미어가 위태로울 만큼 짧아지며 분열하기를 멈춘다는 걸 발견했는데, 이를 지금은 헤이플릭 한계Hayflick limit 라고 부르지요. 텔로미어가 심하게 마모되면 유전체의 불안정성이 커지므로, 노화로 인해 세포 분열과 성장이 중단되지 않으면 암세포로 이행될 위험이 커지게 됩니다.

노화나 장수는 유전자의 효과만으로 설명하기엔 너무나 복잡한 현상입니다. 하지만 과학기술과 의료체계가 발전하고 생활 환경이 개

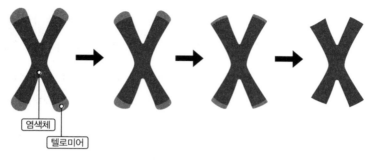

염색체

텔로미어

9-1 노화에 따른 텔로미어 길이의 변화

선되었는데도 인간의 최대수명에 큰 변화가 없다는 사실은 유전자의 역할이 중요하다는 뜻이기도 합니다. 또한 미국의 100세 가족을 분석한 결과, 100세인의 자식이 100세가 될 가능성이 일반인의 자식에 비해 남자는 17배, 여자는 8배가량 높은 것으로 보아 초장수는 유전적 영향을 상당히 받는 것으로 생각됩니다.[22] 그러나 초장수의 유전적 요인을 설명하는 메커니즘은 제대로 알려지지 않았죠.

이외에도 나이를 먹으면서 호르몬 분비가 적어지므로 노화가 초래된다는 등 다양한 노화 이론이 제시되었습니다. 하지만 노화 속도는 개인별로 큰 차이가 있고 장기별로도 다르므로 노화 연구에서 인과관계를 규명하기란 쉽지 않지요. 해부학적·생리적·인지적 지표를 총체적으로 파악하는 것이 중요하다는 점에서 환원주의에 기반한 과학적 접근에 한계가 있어 보이는 것도 사실입니다. 더군다나 나이를 먹는다는 점은 같은데도 특정 연령을 경계로 성장과 노화로 다르게 정의된다는 점도 연구를 어렵게 만드는 요인이지요.

현대 의학이 밝힌 열두 가지 노화의 징표

《머크노인의학편람The Merck Manual of Geriatrics》에 실린 노화의 정의는 "부상, 질병, 환경 위험이 없거나 열악한 생활방식이 아니어도 시간이 지남에 따라 일어나는 장기 기능의 불가피하면서 돌이킬 수 없는 저하"입니다. 이처럼 노화란 생리학적 기능이 점점 없어지고 온전했던 몸 상태가 차츰 나빠져 죽음에 취약해지는 것을 뜻하지요. 20세기 후반부터 노화에 관한 연구가 활발해지며 이러한 관념적인 정의가 점점 더 생물학적으로 설명되고 있습니다.

특히 노화의 속도를 유전학적 경로와 생화학적 과정으로 제어할 수 있다는 사실이 밝혀지면서 노화 연구는 큰 진전을 보이고 있습니다. 노화 과정 중에 일어나는 변화를 분자와 세포 수준에서 상당히 이해하게 된 거지요. 2013년 과학자들은 지금까지 알려진 연구 결과를 바탕으로 노화 현상의 아홉 가지 공통된 징표hallmark를 선별하여 저명 학술지《셀Cell》에 발표했습니다.[23] 다음 징표들은 모두 정상적인 노화 과정에서 관찰되는 특징입니다. 각 징표를 인위적으로 악화시키면 노화가 빠르게 진행되며, 반대로 개선하면 노화를 늦추고 수명을 연장할 수 있습니다.

1. **유전체 불안정성** genomic instability : DNA 손상 축적
2. **텔로미어 마모** telomere attrition : DNA가 복제될 때마다 텔로미어의 길이 단축
3. **후성유전학적 변화** epigenetic alteration : 유전자 발현 양상의 변화

4. 단백질 항상성 소실 loss of proteostasis : 단백질의 구조와 기능
   보전 능력 상실

5. 영양소 감지 이상 deregulated nutrient-sensing : 영양소 감지 기능의
   혼란 발생

6. 미토콘드리아 기능 장애 mitochondrial dysfunction : 미토콘드리아의
   손상에 따른 기능 저하

7. 세포 노화 cellular senescence : 과도한 염증 반응을 일으키는 노화
   세포 축적

8. 줄기세포 고갈 stem cell exhaustion : 줄기세포가 소진되어 조직
   재생 능력 감소

9. 변형된 세포 간 소통 altered intercellular communication : 세포 간
   의사소통 변화로 비정상적인 염증 및 면역반응 발생

이와 같은 각 징표는 완전히 독립적인 특성을 보이지 않고 서로 긴밀하게 연결되어 있습니다. 아홉 가지 노화의 징표에 관한 논문이 발표되고 난 뒤 10년 동안 이 징표를 다룬 논문은 30만 편이나 발표되었습니다. 그만큼 노화에 대한 관심이 높고 많은 연구비가 투자되고 있다는 말이지요. 이에 따라 새로운 지식을 반영하여 새롭게 노화 징표를 정리할 필요성이 제기되었습니다. 이에 2023년 과학자들은 다시 한번 노화의 징표에 대한 논문을 《셀》에 발표하면서 세 가지 징표를 추가했습니다.[24]

추가된 세 가지 노화 징표는 불필요하거나 잘못된 세포 내 구

성물질을 분해하는 데 중요한 기능이 저하되는 자식작용 장애disabled macroautophagy, 국소적으로 혹은 전신적으로 염증 반응이 증가하는 만성염증chronic inflammation, 장내 미생물과 장세포 사이의 상호작용이 뒤틀어지는 장내 미생물총 불균형dysbiosis입니다. 새롭게 제시된 노화 징표역시 기존의 알려진 다른 징표들과 밀접하게 상호작용을 합니다.

이처럼 노화 징표는 현재 총 열두 가지로 압축됩니다. 또 10년이 흘러 연구 결과가 축적되면 징표 목록은 얼마든지 늘어날 수 있습니다. 최근 들어 과학자들은 노화 징표들의 공통된 한 가지 원인을 찾으려고 시도하고 있습니다. 특히 노화생물학자 데이비드 싱클레어David Sinclair는《노화의 종말Lifespan: Why We Age and Why We Don't Have To》에서 유전정보의 상실이라는 관점에서 노화를 설명했습니다. 이 주장은 다소 관념적이기는 하나 정보의 보존과 복원이 노화 연구에 적용될 수 있다고본 점에서 새로운 관점을 제공했습니다. 우리를 늙게 만드는 단일한원인을 과연 찾아낼 수 있을까요?

불로장생이 정말로
현실이 될 날이 올까?

노화생물학자 버나드 스트렐러Bernard Strehler는 네 가지 원칙을 중심으로 노화 현상을 정의했습니다.[25] 첫째, 누구에게나 예외 없이 나타나는 보편적 현상일 것. 둘째, 생체의 내재적 원인에 의해 발생하는 현상일 것. 셋째, 평생 점진적으로 일어나는 현상일 것. 마지막으로 기능 저하를 수반하는 유해하고 퇴행적인 현상일 것. 이러한 정의는 노화가 필연적이며 비가역적인 현상이라는 시각을 바탕에 두고 있지요.

하지만 최근 들어 노화 현상이 비가역적이고 불가피하다는 스트렐러의 정의는 부분적으로 도전받고 있습니다. 세포 노화가 일어나더라도 일정 조건만 갖춰지면 세포 기능이 회복되고 증식도 가능하단 점이 밝혀졌기 때문입니다. 1958년 존 거든John Gurdon은 개구리의 알에서 세포핵을 제거한 후 성체 개구리 세포의 세포핵으로 바꿔 넣어도 올챙이로 자랄 수 있다는 것을 보여주었습니다.[26] 1996년 이안 월머트 Ian Wilmut와 케이스 캠벨Keith Campbell은 난자의 세포핵을 제거한 다음 성체의 유선세포에서 얻은 세포핵을 집어넣어 복제 양 돌리를 탄생시켰죠.[27] 이는 늙은 세포의 DNA를 젊은 세포에 집어넣는다고 해도 노화가 빠르게 진행되지 않으며, 심지어 노화를 되돌릴 수 있음을 발견한 것입니다.

또한 2006년 야마나카 신야Yamanaka Shinya는 체세포에 특정 유전자를 인위적으로 집어넣어 성체세포를 줄기세포로 역분화하는 데 성공했습니다.[28] 이 결과 역시 노화 과정이 가역적이며 재프로그래밍을 통해 노화시계를 거꾸로 돌릴 수 있음을 시사하지요. 거든과 신야는 성숙한 세포라도 모든 세포로 분화될 수 있는 능력이 있도록 재프로그래밍할 수 있다는 사실을 발견한 공로를 인정받아 2012년 노벨 생리의학상을 공동 수상했습니다. 이제 노화는 가변적이며 복원 가능한 상태라는 생각이 점점 더 수용되고 있습니다.

한편 노화세포senescent cell를 어린 쥐에 이식했더니 지속적인 신체 기능 장애와 세포 노화 확산이 일어나는 모습을 보였습니다.[29] 이 연구 결과는 노화세포를 제거하는 것이 건강을 유지하고 수명을 늘리는데 중요하다는 점을 시사합니다. 실제 제노제senolytics로 생쥐의 몸에서 노화세포를 선택적으로 파괴했더니 염증 반응이 줄어들고 신체 기능이 개선되어 건강하게 더 오래 살 수 있었습니다. 화학적으로 노화를 통제하고 수명을 연장할 수 있다는 가능성을 보여준 것입니다. 아직 사람한테서도 확실한 효과가 증명된 것은 아니지만 노화가 치료의 대상이 될 수 있다는 점을 보여주었다는 데서 큰 의미를 찾을 수 있습니다.

혈액순환이 공유되도록 두 쥐의 혈관을 연결하는 외과적 방법인 병체결합parabiosis으로 늙은 쥐에게 젊은 쥐의 혈액을 공급했더니 늙은 쥐가 다시 젊어지는 현상을 관찰할 수 있었습니다.[30] 이는 혈액이 생명력을 담고 있다는 오래된 생각이 완전히 틀리지 않음을 보여준 것으로 혈액 속의 어떤 인자가 노화를 제어할 수 있음을 시사합니다. 반대로 병체결합을 통해 젊은 쥐에게 늙은 쥐의 혈액을 공급했더니 젊은 쥐의 신체 노화가 빠르게 진행되었죠.[31] 이때 제노제로 노화세포를 제거하자 쥐는 다시 젊어졌습니다. 이러한 연구 결과 역시 노화가 비가역적이고 불가피하다는 기존의 믿음을 점점 더 무너뜨리고 있습니다.

2000년 스티븐 오스타드Steven Austad 가 과학잡지 《사이언티픽 아메리칸Scientific American 》에서 "아마도 지금 첫 번째 150세 노인이 살아 있을 것 같다."라고 도발적인 발언을 한 것에 대해 제이 올샨스키Jay Olshansky 가 반대 의견을 피력하면서 두 과학자의 내기가 시작되었습니다. 2000년 9월 25일 두 사람은 150달러를 투자 펀드에 넣었고 2150년에 승자나 승자의 후손에게 돈과 이자가 지급될 것이라는 계약서에 서명했습니다. '150'이라는 숫자를 내세운 이 내기의 승자는 누가 될까요? 2150년에 인간의 최대수명이 150세가 될 수 있을까요?

알코어 생명연장재단에서는 의료 기술이 더 발전한 미래에 병을 고치고 회복시키기 위해 사망 즉시 환자를 냉동보존하고 있습니다.[32] 과학기술의 발전에 힘입어 인간의 몸을 구성하는 장기와 조직을 인공물로 대체해 신체 기능을 확장시킨 트랜스휴먼transhuman 의 출현도 지켜보고 있죠. 더 나아가 인간의 뇌마저 인공지능으로 대체하여 정신 기능을 극대화하려는 포스트휴먼posthuman 등 새로운 인류의 출현을 바라보고 있기도 합니다. 그렇다면 불로장생 또한 어렵더라도 언젠가 가능한 시나리오가 아닐까요?

SF 소설가이자 미래학자 아서 클라크는 "연로하지만 저명한 과학자가 무엇이 가능하다고 말한다면 그 말은 틀림없이 옳다. 하지만 그가 불가능하다고 말한다면 그 말은 아마도 틀렸을 것이다."라고 이야기했습니다. 물론 불로장생이 현실로 될 날이 오더라도 그런 사회가 유토피아일지 디스토피아일지는 아무도 모를 일이지요.

10

생명의 비밀을
어디서 찾을 수 있을까?

: 실험

인류는 언제부터
실험을 시작했을까?

중세시대 라틴어 단어 'experientia'와 'experimentum'은 각각 일반적인 경험과 특정한 사례를 뜻했지만, 그 의미가 완전히 구분된 것은 아니었습니다.[1] 프랜시스 베이컨은 'experientia'를 강제되지 않는 관찰이라는 뜻으로, 'experimentum'을 인위적인 경험이라는 뜻으로 약간 다르게 사용했습니다.[2] 17세기 이후에는 실험에 의존하는 과학이라는 의미로 '실험철학experimental philosophy'이라는 말이 쓰이면서 의도성과 인공성을 기준으로 두 단어의 의미가 확실하게 구분되었습니다.[3]

18세기를 지나면서 'experientia'는 우연히 체득할 수 있는 경험experience이라는 뜻으로, 'experimentum'은 특정 질문에 대한 해답을 얻으려고 통제된 조건에서 특별한 장치를 이용하여 수행하는 실험experiment이라는 뜻으로 굳어졌습니다. 원래 사용되던 단어들의 의미가 구분되었다는 말은 당대 사람들의 사고방식이나 믿음의 체계 등 세계관에 변화가 생겼다는 뜻이지요. 따라서 경험과 실험의 의미가 구분되었다는 건 종교적 믿음이 퇴색하고 체계적인 계획과 실행으로 자연현상을 이해하는 일이 널리 퍼졌음을 반영하는 셈입니다.

실험은 과학 연구를 대표하는 핵심 활동으로서 근대과학의 가장 큰 특징입니다. 지식 생산의 방법적 측면에서 봐도 실험은 과학 지식을 생산하는 데 정점에 있다고 해도 과언이 아닙니다. 실험 없이는 자연현상에 대한 인과적 지식을 좀처럼 얻을 수 없습니다. 근대 생리학의 아버지 클로드 베르나르Claude Bernard 는 "과학의 출발점은 관찰이고, 종착점은 실험이며, 그 결과로 발견되는 현상들을 합리적 추론으로 인식할 수 있다."라는 말로 실험의 의미와 역할을 강조했지요.[4]

실험으로 얻은 지식이 생산적이고 신뢰할 만한 이유는 검증이나 반박이 가능한 가설을 확인하기 위해 적절히 통제된 조건을 설계하기 때문입니다.[5] 실험 통제란 대조군을 설정하는 문제로, 실험 구성의 취약점이나 측정 도구의 오류가 드러나도록 하여 편향의 위험으로부터 자유롭도록 설계하는 것이죠. 그러므로 수집된 결과가 우연히 또는 무작위로 일어난 것이 아니라 생물학적으로 타당한 것임을 확인할 수 있습니다. 이렇듯 오늘날 실험의 강점은 바로 의도된 통제 아래서 수행된다는 겁니다. 물론 측정 장치나 설비를 이용하여 정확하고 정밀한 데이터를 수집할 수 있다는 점 역시 빼놓을 수 없는 장점이지요.

기술 발전은 우리가 감각 기관의 한계를 체계적으로 극복할 수 있는 강력한 수단을 제공합니다. 측정 장치나 설비의 발전으로 지식의 경계를 확장할 수 있었고 정보 분석 도구의 발전에 힘입어 대량의 정보를 객관적으로 분석할 수 있게 되었습니다. 이를테면 티코 브라헤 Tycho Brahe , 요하네스 케플러 Johannes Kepler , 갈릴레오 갈릴레이 Galileo Galilei 등은 망원경으로 행성의 움직임을 정확히 관측하고 추론할 수 있었습니다. 로버트 코흐Robert Koch 와 루이 파스퇴르는 현미경으로 맨 눈으로는 보이지 않는 미생물의 세계에 대한 통찰력을 키우고 전염병의 특성을 파악할 수 있었습니다.

실험이 이런 특징을 지닌다고 해서 과학이 완전무결하다고 생각하면 곤란합니다. 과학적 도구가 객관적 데이터를 제공하더라도 아이디어를 떠올리고 데이터를 해석하고 의미를 찾아내는 일은 과학자의 사적 경험, 영감, 상상력, 통찰 등 비과학적 요소에 상당히 의존하기 때문이지요. 1937년 노벨 생리의학상을 수상한 얼베르트 센트죄르지 Albert Szent-Györgyi 는 과학자에게 아폴론적 소양과 디오니소스적 소양 모두 필요하다고 말했습니다.[6] 여기서 아폴론적 소양은 정형적인 완벽을 추구하는 면모를 뜻하며, 디오니소스적 소양은 직관에 의존해 예상치 못한 발견을 이끌고 파생시키는 능력입니다.

오늘날 과학의 발전은 실험에 크게 의존하고 있습니다. 과학 분야 중에서도 생물학 분야는 특히 그러합니다. 그렇다면 생물학을 보다 잘 이해하기 위해서는 실험이 무엇인지 유심히 들여다볼 필요가 있습니다. 그 출발은 역시 역사적 질문으로부터 시작하겠지요. 우리는 언제부터 실험을 했을까요?

실험이 이끈 인류의 발전

수많은 동물 종 가운데 오직 인류만이 불을 자유롭게 활용하는 법을 찾아냈습니다.[7] 150만여 년 전의 고고학적 유적지에서도 불을 사용한 흔적이 발견됩니다. 인류는 불을 이용하여 음식을 요리해 먹는 화식火

🍲까지 개발했습니다. 화식으로 기생충이나 독성물질을 제거할 수 있게 되면서 섭취할 수 있는 음식물의 종류가 많이 늘어났습니다. 게다가 에너지를 효율적으로 얻게 되었고, 음식물의 영양 가치가 늘어났으며 나아가 요리 시간을 통해 사회적 협력의 기반도 마련될 수 있었습니다. 인류의 번성은 이렇듯 다분히 실험적이었기에 가능했습니다.

인류의 실험적 성향은 1만여 년 전에 다시 큰 위력을 발휘하게 됩니다. 자연이 담당했던 생명의 재생산 과정에 인류가 개입하여 생물종을 개량하려고 한 거지요. 재레드 다이아몬드가 《총, 균, 쇠》에서 설명했듯이, 인류는 일부 야생동물의 가축화와 야생식물의 작물화 실험에 성공하여 수렵채집생활에서 농경정주생활로 이행할 수 있었습니다. 이는 도시와 문명이 탄생하고 국가가 형성될 만한 기틀을 마련해주었죠. 이 모든 발전은 실험 정신이 없었더라면 불가능했을 것입니다.

실험의 흔적은 고대 이집트 문화에서도 엿볼 수 있습니다.[8] 고대 이집트인은 사후 세계와 영원성에 대한 고민을 많이 했는데, 이러한 흔적은 앞서 설명한 것처럼 《사자의 서》에 나와 있습니다. 이집트 사람들은 심장과 깃털을 저울질하여 평형을 이루면 죽은 자의 영혼이 내세로 갈 수 있다고 생각했습니다. 놀랍게도 내세로 갈 수 있느냐 없느냐 하는 그 중요한 문제를 실험으로 결정했던 겁니다.

고대 그리스 시대에 이르러 생물학 실험이 도입되었습니다.[9] 이는 생물학적 지식이 체계적으로 축적되었음을 알리는 거지요. 물론 변수를 통제하여 인과관계를 명확히 밝히려는 실험 설계가 등장한 것은 한참 뒤의 이야기입니다. 고대 그리스 시대 행해진 실험은 가설 검증이라기보다 주로 탐사적 성격을 띠었지요. 이를테면 살아 있는 동물을 해부하여 장기 구조를 관찰했고 이를 바탕으로 장기의 기능과 목적을 추정하는 식이었습니다. 따라서 합리적 접근과 신비주의적 해석이 뒤섞인 형태의 지식이 만들어졌습니다.

중세시대 동안에는 실험적 지식이 크게 쌓이지 못했습니다.[10] 새로운 지식이 존재하지 않는다는 생각이 지배적이었기 때문이죠. 또한 인위적인 방식으로 얻은 실험적 지식을 통해 자연을 이해할 수 있다는 생각은 거대한 도전이었습니다. 그러나 1492년 이후 대항해 시대가 열리면서 아메리카 대륙으로부터 새로운 동식물이 한꺼번에 밀려 들어오자 기존 사고방식과 질서에 균열이 생기기 시작했습니다.

아메리카 대륙으로부터 유입된 동식물을 분류하고 연관을 찾는 일이 중요하게 부각되면서 '자연사'가 독립된 학문 분야로 형성되었습니다. 이러한 변화는 그동안 지나쳤던 주변의 동식물도 새롭게 쳐다보는 계기를 마련해주었습니다. 새로운 눈으로 바라보면 익숙한 주변에서도 얼마든지 새로운 걸 발견하는 일이 가능하다는 것을 깨달은 거죠. 또한 발견과 새로운 지식이라는 개념이 인정받으면서 실험으로 생산된 지식이 수용될 수 있는 공간이 마련되었습니다.

비판과 논쟁은 어떻게
공동체의 무기가 되었나?

1620년 베이컨은《신기관Novum Organum Scientiarum》에서 관찰 자료를 수집한 뒤엔 인공적인 실험으로 추가 증거를 확보해야 한다고 말했습니다.[11] 로버트 보일Robert Boyle 은 실험 결과를 임시적인 것으로 보아야 한다면서 반복 실험과 시연의 중요성을 강조했죠.[12] 보일은 실험을 반복할 때 이전 결과가 확증되지 않으면 왜 그렇게 되었는지 고려하는 것역시 중요하다고 했습니다. 이렇게 실험은 과학에서 필수적인 활동이며, 집단적 혹은 공동체적 노력이 상당히 필요한 활동입니다.

17세기에 접어들어 생명현상에 대한 실험적 접근이 본격화되었습니다. 윌리엄 하비는 동물 실험을 진행하여 혈액이 순환한다는 사실을 밝혀냈습니다. 먼저 실험동물의 대동맥과 대정맥을 실로 묶은 후심장의 색깔과 혈액의 양을 측정하여 혈액이 순환한다는 단서를 확보했습니다.[13] 이어 사람의 팔뚝을 끈으로 묶었더니 끈을 기준으로 심장에 가까운 쪽이 아니라 말초 쪽의 혈관이 부풀어 오르는 현상을 관찰했지요. 이러한 결과는 혈액이 말초에서 심장으로 돌아온다는 사실을 확인시켜주는 것이었습니다.[14] 그림 10-1 실험 설계와 수행으로 생명현상을 분석하고 지식을 쌓는 시대가 열리기 시작한 것입니다.

17세기 후반 프란체스코 레디Francesco Redi가 수행한 자연발생설 실험은 최초의 근대적 실험 중 하나로 꼽힙니다.[15] 레디는 고깃덩어리 등 유기물을 병 속에 집어넣은 후 일부는 뚜껑을 덮지 않는 채로 두고 다른 일부는 종이와 노끈으로 봉인하여 파리의 접근을 막았습니다. 이렇게 하자 봉인한 병에서 구더기가 생기지 않는다는 사실을 확인했습니다. 레디는 수년 동안 이런 실험 절차를 수천 번 반복한 끝에 썩은 유기물이 곤충을 생겨나게 하지 않는다는 결론을 내렸지요.[16] 이후 인과관계의 규명이 실험의 주된 목적으로 자리 잡으면서 변수를 통제하는 통제 실험이나 구성 실험이 점점 더 중요해졌습니다.

19세기 들어 클로드 베르나르는 질병을 이해하기 위해서는 동물 실험이 중요하다고 지적했습니다. 이는 의학적 문제를 풀기 위해 생물학적으로 접근한다는 전략을 제안한 거였죠. 베르나르 역시 주어진 현

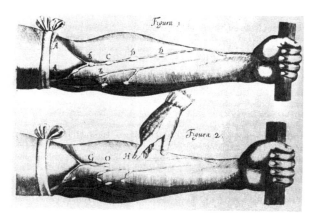

10-1 팔뚝을 끈으로 묶은 윌리엄 하비의 실험

상을 발생시키는 필요조건을 알아내고 이를 통제하는 일을 매우 중요하게 여겼습니다. 베르나르는 1865년 작성한 《실험의학연구입문》에서 "실험은 우리 생각이 옳다는 것을 입증하기 위해서가 아니라 그것의 오류를 통제하기 위해 하는 것"이라는 말로 실험 정신을 강조했습니다.

이러한 근대적 실험의 등장은 자연을 특정한 방식으로 길들이는 데 성공한 것으로, 베이컨이 주장한 '자연의 심문'이나 '괴롭혀진 자연'이라는 개념이 구체적인 사실로 나타났음을 보여줍니다.[17] 뿐만 아니라 갈릴레오 제자들의 주도로 1657년 피렌체에서 설립된 학술모임인 아카데미아 델 치멘토Accademia del Cimento의 모토 "시도하고 또 시도하라Provando e riprovando"를 실천한 행동이었습니다. 이 모토는 '실험하고 다시 확인하라'는 뜻으로 성공적인 재현이 신뢰할 만한 지식의 표식임을 강조한 말입니다.

실험이 근대 과학을 성공시킨 중요 요인이라는 점은 분명하지만 그것만으로는 근대 과학의 성공을 제대로 설명할 수 없습니다. 자연의 변성 과정을 통제하려 했던 연금술 역시 실험에 절대적으로 의존했는데, 연금술사의 작업공간을 가리키는 말이 바로 실험실을 뜻하는 영어 단어 'laboratory'였습니다.[18] 하지만 연금술사는 자신의 발견을 공유하지 않았고 공동체적 활동으로 발전시키지도 못했습니다. 베이컨은 자신들의 연구 결과를 발표하지 않고 비밀스러운 학습을 추구하는 연금술사의 태도를 맹렬히 비판하기도 했습니다.

따라서 근대 과학의 성공 요인이 실험과 함께 실험적 발견을 공유하고 평가하고 승인하는 비판적 공동체의 형성에 있었다는 점을 기억해야 합니다. 과학자들이 모여 공식적인 학술 모임을 결성하고 학술지에 논문을 발표하면서 소속감을 가지고 자의식을 표출하는 방식이 과학의 성공을 이끌었던 거지요. 달리 말해 실험에 더해 비판적 과학 문화가 조성되고 생태계가 구축된 것이 근대 과학의 성공 요인이라고 말할 수 있습니다.

분자생물학의 탄생

장바티스트 라마르크Jean-Baptiste Lamarck 는 '생물학biology '이라는 용어를 처음 사용한 과학자입니다.[19] 라마르크는 생물학이 단순히 생물을 분류하는 선에서 그쳐서는 안 되고 생물의 발생 규칙과 같은 내부 관계를 연구해야 한다고 생각했습니다. 즉 단순히 생명현상에 대해 그럴듯한 이론만 제안하는 데서 그치는 것이 아니라 인과관계를 제대로 설명할 수 있는 기전 연구를 해야 한다고 주장했지요. 이러한 라마르크의 노력 덕분에 생물학은 독립적인 과학의 한 분과로 자리 잡을 수 있었습니다.

1828년 프리드리히 뵐러Friedrich Wöhler 가 요소urea 를 화학적으로 합성하는 데 성공했습니다. 생명현상이 독특한 활력에 기초한다는 생기론에 결정적인 타격을 가하는 일이었습니다. 요소와 같은 생체 유기 분자를 생명력의 작용 없이도 체외에서 만들 수 있다는 것을 증명했기 때문이지요. 이어 1897년 에두아르트 부흐너Eduard Buchner 는 발효가 효소 작용 때문에 일어난다는 사실을 발견했고 이 공로를 인정받아 1907

년 노벨 화학상을 받았습니다. 생명현상을 시험관에서 재현할 수 있다는 점은 생기론에 다시 한번 결정타를 날렸습니다.

1900년 그레고어 멘델Gregor Mendel의 유전법칙이 재발견된 후 유전의 물질적 원리에 대한 질문이 본격적으로 제기되었습니다. 하지만 생화학이라는 분야만으로는 유전물질과 유전 현상을 추적하기 어려웠으므로 새로운 학문이 절실해졌습니다. 1938년 록펠러 재단에서 자연과학분과장을 맡았던 위렌 위버Warren Weaver는 향후 중점 지원할 분야로 '분자생물학molecular biology'을 지정했습니다. 그는 이 용어를 최초로 고안해낸 사람이기도 하지요.[20] 이러한 지적 흐름 속에서 1953년 왓슨과 크릭이 DNA 이중나선의 구조를 밝혀내자 유전 현상의 기전이 풀리면서 분자생물학의 전성시대가 열리게 되었습니다.

이후 유전자의 기능은 단백질의 발현과 활성을 통해 결정되며, 이러한 생체분자의 작용이 생명현상을 설명하는 핵심 기전임이 분명해졌습니다. 달리 말해 특정 유전자는 특정 단백질로 발현되어 특정 생명현상을 결정한다는 논리 구조가 확립된 것입니다. 이에 따라 유전자의 기능을 규명하는 분자생물학 실험 설계도 점점 정형화되었습니다. 단백질의 발현을 차단하거나 단백질의 활성을 억제한 후 일어나는 특정 생명현상의 변동을 측정하는 방식이 굳어진 거지요. 즉 분자 수준에서 변수를 통제하여 생명현상과의 인과관계를 확인하는 방식입니다.

따라서 분자생물학 실험을 제대로 수행하려면 우선 다음과 같은 몇 가지 핵심질문에 답을 해야 합니다. 유전자가 단백질로 발현되는 것을 어떻게 차단할 수 있을까요? 단백질의 활성을 어떻게 억제할 수 있을까요? 효과적으로 차단했다는 것을 어떻게 확인할 수 있을까요? 특정 유전자 혹은 단백질만 제어되었다는 것을 어떻게 확인할 수 있을까요? 이러한 실험적 조작이 세포 수준뿐만 아니라 조직이나 장기 및 개체 수준에서도 가능할까요? 어떤 동물을 사용하는 것이 가장 적절할까요? 실험적 조작으로 인한 생명현상의 변화를 어떻게 정량적으로 측정할 수 있을까요?

문제는 이러한 질문에 대답하기가 쉽지 않다는 점입니다. 현미경으로도 보이지 않는 유전자나 단백질을 어떻게 제어하고 측정할 수 있을까요? 분자생물학 실험은 대부분 탐침 probe 에 대한 반응을 측정하는 간접적인 분석 방법을 채택하고 있습니다.[21] 이를테면 탐침이 단백질과 반응해서 일어난 색깔의 변화나 형광의 발생을 특별히 고안된 실험 장치로 측정합니다. 따라서 어떤 분자생물학 실험도 위양성이나 위음성의 결과가 나올 내재적 위험이 있습니다. 그렇기 때문에 실험 원리를 잘 숙지하고 다양한 대조군 실험을 설계하여 실험 결과의 평가와 해석에 늘 주의를 기울이는 전문가적 자세가 필요합니다.

또한 통계학자 조지 박스 George Box 의 "모든 모델은 근사치다. 기본적으로 모든 모델은 다 틀렸지만 일부는 유용할 수 있다. 그러나 모델의 대략적인 특성은 항상 염두에 두어야 한다."라는 말에 반드시 귀를 기울여야 합니다.[22] 실험은 늘 자연을 재구성하고 인위적으로 생명현상을 유도하는 방식을 취합니다. 따라서 실험실에서 구축한 실험 모형이 얼마나 실제 세계를 적절히 반영하고 있는지, 그리고 이러한 한계가 실험 결과 해석에 어떻게 영향을 미치는지 등을 항상 고민하는 자세가 필요합니다.

이렇듯 생물학의 분자화는 새로운 분석 기술과 실험 모델 개발이 아상블라주assemblage를 이룬 결과였습니다. 또한 세포추출물이 생물시스템을 반영할 수 없다는 19세기 생리학자들의 생각으로부터 결별한 결과이기도 했죠. 생체분자를 분리해서 체외 시험관에서 분석하는 인위적 형태의 실험이 수용되었다는 말입니다. 경제학자 존 메이너드 케인스John Maynard Keynes의 "힘든 것은 새로운 무언가를 생각해내는 일이 아니라, 이전에 갖고 있던 생각의 틀에서 벗어나는 일이다."라는 말이 다시금 떠오릅니다.

첨단기술은 과학을
어떻게 바꾸고 있을까?

생명현상을 분자 수준에서 인식하고 다양한 실험 모델이 개발되면서 실험 시스템은 훨씬 더 복잡해졌습니다.[23] 더군다나 20세기 중반부터 연구 방식이 급격하게 변화했습니다. 실험 키트의 상용화, 실험 및 분석의 외주화, 공동연구의 활성화와 연구의 분업화와 같은 현상입니다. 이로 인해 짧은 시간 안에 최대한 빨리 그리고 더 많이 발견하는 경쟁적 연구가 보편적인 연구방식으로 자리 잡았습니다. 사회학자 랜들 콜린스Randall Collins가 지적한 '신속한 발견 과학rapid discovery science'이라는 표현이 오늘날 과학의 모습을 한마디로 잘 정리해 줍니다.[24]

우선 실험 키트가 널리 보급되면서 실험 방법이 더욱 수월해지고 표준화되었습니다. 실험 키트는 쉽고 간편하게 바로 사용할 수 있는 시약과 실험지침서로 구성된 제품을 말합니다. 키트 제품을 구매하면 시약을 직접 만들 필요가 없고 실험 조건을 확립하고 최적화하는 노력을 따로 기울이지 않아도 됩니다. 실험 전이나 중에 흔히 발생하는 문제에 대한 대비책도 미리 살펴볼 수 있습니다. 따라서 실험 준비에 들어가는 시간을 대폭 줄이면서 재현성이 높은 데이터를 확보할 수 있으므로 연구 생산성을 향상시키는 데에 큰 도움이 됩니다.

모든 실험을 직접 도맡아 하는 것이 아니라 실험이나 데이터 분석을 의뢰하는 방식도 널리 퍼졌습니다. 실험실 장치가 점점 고도화되면서 단독으로 값비싼 실험 장비와 기기를 모두 갖춘다는 것은 사실상 불가능해졌습니다.[25] 상황이 이러하다 보니 대학교나 연구소 안에 고가의 첨단 장비와 시설을 갖춘 핵심연구지원시설 core facility 을 설치하여 사용수수료를 받고 연구 활동을 지원하는 체제가 자리 잡게 되었습니다. 심지어 실험과 데이터 분석을 대행하는 회사도 한꺼번에 등장했지요. 이제 실험과 분석의 외주화가 연구경쟁력의 핵심 요소 중 하나로 자리 잡은 것입니다.

또한 공동연구가 활성화되면서 연구의 분업화가 일어났습니다. 학문의 세분화와 전문화가 심화되고, 해결해야 할 과학적 질문이 점점 더 복잡해지면서 공동연구 방식에 의존하지 않고서는 문제를 해결하기가 쉽지 않은 상황이 되었기 때문이죠. 또한 실험 방법이 워낙 다양해져서 홀로 모든 실험 방법을 익히고 사용하는 것도 불가능해졌습니다. 공동연구의 활성화는 과학 연구도 사회적 활동의 성격이 강하게 나타난다는 점을 잘 보여줍니다. 더군다나 파괴적 혁신을 이끄는 연구는 주로 소규모 협동 연구에 의해 이루어진다는 사실이 알려지기도 했지요.[26]

과학자는 실험하기로 대변되는 '과학의 수행'에는 능통하지만 논문 쓰기로 대변되는 '과학의 소통'에는 다소 미숙한 면이 있습니다.[27] 그래서 토스 멕베이 Thos McVeagh 는 이미 1963년 전문적인 작가가 연구

진에 포함되어야 한다고 주장했습니다.[28] 그렇게 되면 과학자는 더욱 많은 시간을 연구 자체에 몰입할 수 있을 거라는 취지였습니다. 물론 이 문제는 글쓰기가 생각하는 훈련이라는 점에서 본다면 비판의 여지가 있습니다. 하지만 논문을 작성할 때 외부 회사에 의뢰하여 교정 서비스를 받는 것은 일상이 되었고 전문적인 작가의 도움에 의존하는 방식 또한 널리 퍼지고 있습니다.[29]

생명과학의 분자화와 신속한 발견 과학이 생명과학 연구의 거대한 흐름이 되었다고 해서 과학의 본질이 바뀐 것은 아닙니다. 조금 더 깊이 생명현상을 이해하게 되었고, 발견의 속도가 이전보다 훨씬 더 빨라졌을 뿐입니다. 과학자로서의 역량을 기르고 소양을 쌓는 방법에는 변함이 없습니다. "문제를 해결하는 데 1시간이 주어진다면 나는 문제에 대해 생각하는데 55분을 쓰고 해법을 생각하는 데 5분을 사용하겠다."라는 아인슈타인의 말은 여전히 유효하지요.

창조적 파괴에서 심화적 발전으로

분자 수준에서 생명현상을 이해하기 시작하면서 생명과학은 전례 없는 발전을 이루었습니다. 발표되는 논문의 수 또한 폭발적으로 증가했습니다. 하지만 최근 들어 새로운 경로를 창출하는 혁신적 발견이 제자리걸음이라는 얘기가 많이 들려옵니다. 실제 빅데이터 기술을 활용하여 과학 논문을 분석해 보니 기하급수적으로 늘어나는 논문의 수에 비해 아이디어의 수는 별다른 증가 없이 정체된 양상으로 나타났습니다.[30]

또한 파괴적 혁신을 이끄는 연구 역시 감소하는 추세를 보였습니다.[31] 특히 21세기에 발표된 문헌을 살펴보면 이전 연구 결과를 무력화하여 완전히 새로운 방향으로 변화시키는 연구보다 기존의 과학을 점진적으로 발전시킨 연구가 많았습니다. 창조적 파괴나 파괴적 혁신이라기보다 심화적 발전을 꾀하는 연구가 주류를 이루고 있다는 뜻입니다. 화학자인 러셀 펑크Russell Funk 는 분석한 내용을 토대로 "데이터는 무언가 변화하고 있음을 시사한다. 당신이 한때 보여주었던 강도의 획기적인 발견을 못 하고 있다는 사실이다."라는 말을 덧붙였습니다.

패러다임을 전환하는 연구나 새로운 경로를 창출하는 연구는 논리적 사고만으로 가능한 것이 아닙니다. 일찍이 앙리 푸앵카레Henri Poincaré 는《과학과 방법》에서 "직관이 없는 기하학자는 문법에는 통달했지만 사고가 빈약한 소설가처럼 될 것이다."라고 했습니다. 또한 1928년 노벨 생리의학상을 수상한 샤를 니콜Charles Nicolle 은 "새로운 사실의 발견, 전진과 도약, 무지의 정복은 이성이 아니라 상상력과 직관이 하는 일이다."라고 말한 적도 있습니다. 과학과 인문학의 만남이 왜 중요한지 압축적으로 보여주는 말입니다.

이미 찰스 스노우Charles Snow 는 1959년 케임브리지대학교에서 열린 리드 강연Rede lecture 에서 '두 문화'라는 주제로 강의를 하여 큰 반향을 불러일으켰습니다.[32] 스노우는 두 문화, 즉 과학과 인문학 사이의 몰이해와 단절이 매우 심각한 상황임을 지적했고, 상대방에 대한 왜곡된 이미지에 갇혀 도무지 서로를 이해하려 하지 않는 자세를 강하게 비판했습니다. 또한 두 문화의 단절은 사회 발전에 치명적인 장애와 손실이 되므로 두 문화 사이의 간격을 메우기 위한 교육을 다시 생각해야 한다고 강조했습니다.

심리학자 사르노프 메드닉Sarnoff Mednick은 1962년 발표한 논문에서 결합된 두 아이디어가 서로 다르면 다를수록 훨씬 더 창의적인 아이디어가 나올 수 있다고 주장했습니다.[33] 비전형적인 아이디어 조합의 중요성에 주목했던 것입니다. 1975년 노벨 생리의학상을 수상한 발생학자 크리스티아네 뉘슬라인폴하르트Christiane Nüsslein-Volhard는 본인 스스로가 여러 전공 분야를 넘나들며 공부한 과학자로서 "창의성은 이전에 아무도 연결하지 않은 사실을 결합하는 것이다."라고 이질적인 아이디어의 결합을 강조했습니다.

프란스 요한슨Frans Johansson도 《메디치 효과Medici effect》를 통해 기존 아이디어의 전형적이지 않은 조합이 혁신적인 발견에 얼마나 중요한 역할을 하는지 잘 보여주었습니다. 요한슨은 이질적인 아이디어가 만나는 지점인 '교차점'에서 혁신적인 아이디어가 폭발적으로 증가하는 현상을 두고 '메디치 효과'라고 불렀습니다. 빅데이터 기술을 활용한 실증적 연구를 통해서도 이질적인 아이디어가 비전형적인 방식으로 조합되었을 때 혁신적이고 영향력 있는 연구로 이어질 가능성이 높음이 확인되었습니다.[34]

이러한 상황은 최근 들어 빅데이터와 인공지능 기술이 과학 분야에서 주목받는 이유를 알려줍니다. 데이터 기술이 사람의 머리로는 도저히 상상하기 어려운 이질적이고 비전형적인 아이디어의 조합을 제시해 주기 때문이지요. 그동안 교차적 아이디어의 생산은 직관이나 영감, 우연에 기댈 수밖에 없었지만 전산기술의 발전으로 인해 창의성이 계산의 범주로 포섭되고 있는 상황이 벌어지고 있는 것입니다.

클로드 베르나르는 "완전한 과학자는 이론과 실험적 실천을 모두 포용하는 사람이다."라고 말했는데, 이제 이 격언은 "완전한 과학자는 이론과 실험적 실천과 데이터 분석을 모두 포용하는 사람이다."라는 말로 바뀌어야 할 것 같습니다. 하지만 과학에 대한 소양이나 내적 동기를 기계나 프로그램이 새롭게 만들어낼 수 있는 건 아니지요. 기계나 프로그램은 다만 소양이나 내적 동기를 충족시키거나 증폭시키는 역할을 할 뿐, 과학과 인문학의 만남은 여전히 유효합니다.

사실을 배우는 일보다
생각하는 훈련이 더 필요한 시대

오늘날 생명과학은 놀랄 만큼 광범위한 분야를 아우르고 있습니다. 바이러스나 박테리아부터 고등 동식물에 이르기까지 생명과학이 다루는 생물 종은 너무나 다양합니다. 유전, 발생, 대사 등 생명현상의 범위도 넓은 데다가 지식의 응용 체계 또한 복잡합니다. 그래서 중요한 생물학적 질문을 모두 다루기가 쉽지 않습니다. 물론 여러 주제를 다루기에 필자의 지식이 부족한 부분도 있겠지요. 또 다른 흥미로운 질문들, 이를테면 '죽음은 수동적이고 불가피한 걸까?' 등에 대해서는 다음 기회에 이야기 나눌 수 있으면 좋겠습니다.

생명과학은 역사의 흐름에서 등장한 갖가지 호기심에 응답하고 상상력을 현실 속에서 구현해 온 일련의 지적 작업이었습니다. 인류는 유전과 발생의 비밀을 파헤쳐 지식을 축적하고 출산을 통제할 힘을 얻었습니다. 질병의 발생 과정을 이해하고 예방하거나 제어하는 수단도 찾아 대책을 마련했습니다. 프랜시스 베이컨이 과학을 기반으로 대혁신의 길을 논한 지 400여 년 만에 놀라운 성취를 보여준 셈이죠. 생물학 지식이 확장되는 양상을 보고 있으면 로켓의 선구자 로버트 고더드

Robert H. Goddard 의 "어제의 꿈은 오늘의 희망이고 내일의 현실이기 때문에 무엇이 불가능한지 말하기란 어렵다."라는 말이 실감 날 정도입니다.

하지만 과학 지식은 맹목적 믿음과 추종이 아니라 논란과 비판을 바탕으로 확장된다는 사실을 잊어서는 안 됩니다. 과학자 사회는 열린 사회로서, 비판과 반대를 허용하고 치열한 토론과 논쟁을 펼치면서 더 나은 과학으로 발전해 나갑니다. 하버드대학교 의과대학 학장을 역임한 찰스 시드니 버웰Charles Sidney Burwell 의 "우리가 가르치려는 것의 절반은 틀리고 절반은 옳다. 우리의 문제는 어느 절반이 어느 것인지 모른다는 것이다."라는 말은 과학의 현실을 잘 대변해 줍니다.

따라서 과학자에게 인문학적 소양을 요구하는 것은 너무나 당연해 보입니다. 비판과 논쟁이 가능하려면 다양한 관점과 층위에서 삐딱하게 보거나 비틀어 볼 수 있어야 하기 때문이지요. 특히 창의적 질문을 던지려면 호기심에 더해 이질적 아이디어를 교차하고 결합할 힘이 있어야 합니다. 새로운 방향을 정하고 새로운 질문을 던지는 힘은 수학적 사고나 논리적 추론을 통해서만 나올 수 있는 것은 아닙니다. 이런 면에서 볼 때 과학자는 생각하는 훈련을 꾸준히 하며 자신만의 성장 이야기를 만들어야 합니다.

영국인이 가장 사랑하는 과학자이자 아인슈타인이 가장 공경했던 과학자로 유명한 마이클 패러데이는《촛불 하나의 과학The Chemical History of a Candle 》에서 다음과 같이 말했습니다. "다이아몬드는 불꽃이 비춰 주기에 빛나는 것일 뿐이다. 반면 양초는 자신을 준비한 사람을 위해 홀로 스스로 빛을 내는 존재다…… 여러분이 자기가 속한 세대에서 촛불에 비견될 수 있는 사람이 되길 바란다. 주변 사람들을 촛불처럼 비추길, 또한 인류를 위한 임무를 이행해야 할 때, 명예롭고 적절하게 행동함으로써 촛불처럼 아름다운 사람이 되길 소망한다." 과학자 정신을 잘 설명해주는 명언이죠.

이런 소양이 잘 갖추어져 있을 때 우리도 늘 빠르게 추격하던 방식에서 벗어나 새로운 질문을 던지고 새로운 경로를 창출하는 연구가 가능하고, 그토록 바라던 노벨과학상을 받을 기회도 찾아오지 않을까 생각합니다. 과학자는 '저자'로서 논문을 쓰고, '독자'로서 논문을 검토하고, '실험자'로서 가설을 세우며 실험하고, '예술가'로서 데이터를 시각적으로 표현하고, '토론자'로서 자료와 해석을 두고 열띤 토론을 펼치는 사람입니다. 이런 역량을 잘 쌓으려면 필자가 《과학하는 마음》에서 강조했듯이 준비된 우연, 전환적 사고, 훈련된 직관, 묵묵한 성실함, 조직화된 호기심, 지치지 않는 열정이 잘 조화를 이루어야 합니다. 그렇기 때문에 더 나은 과학자로 성장할 수 있는 토양을 만드는 일이 매우 중요할 수밖에 없습니다.

과학 지식은 불완전하고 불확실하며 불충분하므로 기초연구의 성과가 임상 현장에 잘 적용되지 않을 때가 많습니다. 어쩌면 중개연구(부록 참고)라는 용어는 우리 마음에서 일어나는 조바심의 또 다른 표현인지 모릅니다. 그렇기에 과학의 현실을 직시하고 꾸준히 참고 기다리며 발견의 즐거움을 누릴 수 있는 자세가 더욱 절실히 필요합니다. 미국의 물리학자이자 스미스소니언 협회 초대 총장 조지프 헨리

Joseph Henry 의 "위대한 발견의 씨앗은 끊임없이 우리 주위에 떠돌지만 이를 받아들일 준비가 잘 된 마음에만 뿌리를 내린다."라는 말처럼요. 서두르지 말고 우리가 정말 잘 준비되어 있는지 근본적인 성찰이 필요한 때입니다.

우리는 대전환의 시대를 살고 있습니다. 미·중 기술패권 경쟁, 기술주권 확보, 공급망 위기, 사회경제적 뉴노멀, 초불확실성, 인구절벽, 디지털 전환 등의 키워드가 언론 매체를 매일 뒤덮고 있습니다. 지금까지 해왔던 추격 시대의 패러다임으로는 이러한 전환적 상황에 효과적으로 대처하기 쉽지 않습니다. 이러한 현실은 우리에게 성과보다 불확실성의 관리가, 문제 해결보다 문제 규정이, 실행보다 기획 및 설계 능력이, 효율적이거나 지향적이라기보다 차별적이거나 교차적인 아이디어를 더욱 절실히 요구하고 있습니다. 이 책이 이러한 상황에 대처하고 대전환의 시대가 요구하는 소양을 쌓는 데 조금이나마 보탬이 되었으면 합니다.

미래를 예측하고 대응하기 어려울 때일수록 더욱 용기를 가지고 도전적으로 미래를 맞이할 필요가 있습니다. 1971년 노벨 물리학상을 수상한 데니스 가보르Dennis Gabor 는 "미래를 예측할 수는 없지만 미래를 만들어낼 수는 있다."라고 말했죠. 1977년 노벨 화학상을 수상한 일리야 프리고진 Ilya Prigogoine 또한 "미래에 대처하는 방법은 미래를 창조하는 것이다."라고 했고요. 미래를 대비하는 가장 좋은 방법은 우리 손으로 미래를 만들어가는 것입니다. 이제는 그렇게 되도록 지혜를 모아야 할 때입니다.

이 책의 출판을 제안하신 갈매나무 기획편집팀과 대표님에게 깊이 감사드립니다. 저의 은사이신 서울대학교 김인규 명예교수님께는 어떤 감사의 말씀을 드려도 부족할 듯합니다. 변함없이 저를 지지해 주신 서울대학교 서인석 교수님께도 큰 감사의 말씀을 드립니다. 그동안 아낌없이 베풀어 주신 어머니, 장인, 장모, 동생들, 처형에게 감사드립니다. 돌아가신 아버지와 작은고모의 은혜는 늘 가슴에 품고 있습니다. 마지막으로 최고의 내조뿐만 아니라 일반 독자의 눈높이로 원고를 꼼꼼히 점검해준 아내 김진아 그리고 늘 힘과 용기를 주는 딸 예주와 아들 현수에게 사랑하는 마음과 함께 이 책을 바칩니다.

실험실에서 병상으로,
이론을 현실로 만드는 중개의학의 의미

과학 황금시대의 희망찬 낙관

실험주의의 선구자 프랜시스 베이컨은 자연에 대한 인간의 통제와 지배를 열망하면서 "아는 것이 힘이다."라는 유명한 명언을 남겼습니다. 베이컨은 자연에 관한 정확한 지식을 얻는 새로운 방법으로서, 관찰과 실험을 통해 얻은 구체적 사실로부터 일반적 결론을 이끌어내는 귀납법의 중요성을 강조했습니다.[1] 또한 베이컨은 "확신에서 출발하면 의심으로 끝나지만, 의심에서 출발하는 것에 만족하면 확신으로 끝날 것이다."라는 말처럼 확인되지 않은 고대 이론의 권위에 더 이상 기대서는 안 된다고 생각했습니다.[2]

과학이 물질적 풍요를 보장할 수 있다는 과학 낙관주의는 산업혁명을 지나면서 더욱 고조되었습니다. 산업혁명의 시기 동안 과학 낙관주의를 지지할 도구로서 '과학관'이 큰 주목을 받았지요. 과학이 국가를 융성토록 하는 강력한 무기라는 점을 알릴 필요가 커졌기 때문입니다.[3] 1869년에 저명 학술지 《네이처》를 창간한 천문학자 노먼 로키어 Norman Lockyer 역시 "과학은 국가 성장에 중요하므로 과학 자체를 위한 전시장을 건설할 필요가 있다."라고 주장한 바 있습니다.

두 차례의 세계대전은 과학의 중요성을 더욱 대중에게 각인하는 계기가 되었습니다. 특히 정보, 통신, 제어 기술의 발전과 군사무기 개발을 이끈 미국 과학연구개발국Office of Scientific Research and Development, OSRD의 노력은 2차 세계대전의 승리에 큰 기여를 했습니다. 이렇게 되자 국가를 지키고 국민을 보호하려면 평화의 시기에도 정부가 반드시 과학 연구를 지원해야 한다는 교훈과 공감대가 폭넓게 형성되었습니다. 프랭클린 루스벨트Franklin Roosevelt 대통령도 2차 세계대전 동안 구축된 과학 연구 역량과 기반이 전후 평시에도 유용하게 활용되지 못할 이유가 없다고 생각했습니다.

1944년 11월 루스벨트는 국익을 위해 전시에 개발된 기술과 연구 경험을 평화의 시기에도 활용하는 방안을 강구하도록 과학연구개발국의 수장 바네바 부시Vannevar Bush에게 요청했습니다. 1945년 7월 부시는《과학: 끝없는 프런티어 Science: The Endless Frontier》라는 보고서를 통해 대통령의 요청에 응답했습니다.[4] 이 보고서는 과학에 대한 낙관적 기대와 열망을 고스란히 반영하며 현대 과학 정책의 시작을 알린 것으로 유명합니다.[5] 보고서에서 부시는 과학 분야의 개척이야말로 미국이 나아가야 할 길임을 강조했습니다.

부시는 기초연구를 통해 생산된 과학 지식은 응용과 개발연구를 거쳐 상용화된다고 믿었습니다. 선형적 혁신 모형에 기반을 둔 부시의 이런 신념은 기초연구에 안정적으로 재정을 투자하면 산업이 활성화되어 일자리가 늘고 고용이 안정화된다는 생각이었습니다. 따라서 기초연구를 소홀히 하거나 방치하여 새로운 기초과학 지식을 남에게 의존하게 되면, 국가의 산업 발전은 정체되고 세계 무역에서 경쟁력이 약화된다는 것이죠. 기초연구에 대한 투자는 새로운 지식을 창출하는 일일 뿐만 아니라 무한한 발전 가능성을 지닌 과학 자본을 획득하는 일이라는 낙관적 생각이 팽배했던 것입니다.

《과학: 끝없는 프론티어》에 담긴 중요한 기본 원칙과 개념적 틀은 미국에서 기초연구에 대한 막대한 투자를 정당화하는 근거가 되었고 전 세계적으로 정부의 과학기술정책 수립에 막대한 영향에 미치면서 과학의 황금시대를 여는 원동력으로 작용했습니다.

의학, 질병과의 전쟁을 선포하다

2차 세계대전 전까지 인류 역사상 대부분 전쟁에서, 질병으로 죽은 사람이 전투 부상으로 죽은 사람보다 훨씬 많았습니다.[6] 나폴레옹 전쟁 동안에도 전투 부상보다 질병 때문에 사망한 군인이 8배 이상이나 되었죠. 반전은 2차 세계대전 때 일어났습니다. 1차 세계대전보다 2차 세계대전 동안 질병으로 사망에 이른 군인의 수가 20배 이상 감소한 것입니다.

역사학자 데이비드 우튼은 "의학이 생명을 연장하는 진정한 능력을 갖춘 것은 1950년 무렵이다."라고 말한 바 있습니다. 바네바 부시는 기초연구를 통해 과학 데이터를 축적했기에 전쟁 기간 동안 항생제 개발 등의 의학적 진보가 가능했다고 생각했습니다. 그래서 부시는《과학: 끝없는 프론티어》에서 질병과의 전쟁이 미국 과학 정책의 중요 기둥이며 질병에 관련된 광범위한 기초연구 지원이 국민 건강을 향상하는 데에 크게 기여할 것이라고 호소했습니다.

의학적 진전은 주로 기초연구를 진행하는 과정 중에 일어나는 예상치 못한 발견에서 비롯되었기에 광범위한 기초연구가 필요하다는 말이 설득력을 얻었습니다. 질병 퇴치는 새로운 과학 지식의 확장에 달려 있다는 취지에서 생물학을 기반으로 하는 과학적 의학, 즉 생의학이라는 용어도 자연스럽게 널리 사용되기 시작했습니다.[7] 더군다나 부시의 노력으로 정부가 기초연구에 재정 지원을 크게 확대하였고, 미국은 1950년대와 1960년대 전반에 걸쳐 건강 연구의 황금기를 맞이합니다.[8]

성공 신화의 축적은 암 연구와 치료 분야의 분위기도 바꾸어 놓았습니다. 건강 활동가 메리 래스커Mary Lasker 와 현대 화학요법의 아버지 시드니 파버 Sidney Farber 의 노력에 힘입어 미국 국립암연구소National Cancer Institute 의 예산은 1957년 4,800만 달러에서 1967년 1억 7,600만 달러까지 늘었습니다. 1960년대 말부터 래스커와 파버는 정치권을 넘어 대중에게도 메시지를 전하면서, 자신들의 노력을 '암과의 전쟁'이라고 말하며《뉴욕 타임스》와《워싱턴 포스트Washington Post 》등에 광고를 싣기 시작했습니다.

1971년 12월에 이르러 리처드 닉슨Richard Nixon 대통령은 국가암법 National Cancer Act 에 서명하고 공식적으로 '암과의 전쟁'을 선포합니다. 박테리아 증식을 억제하는 페니실린처럼 암 증식을 억제할 수 있는 기적의 약이 이내 발견될 듯한 낙관적 전망도 널리 퍼지기 시작했지요.

생명공학의 디스토피아와 맞닥뜨리다

과학 연구에 대한 맹목적 신뢰는 1960년대 이후 조금씩 금이 가기 시작했습니다. 1962년 레이첼 카슨Rachel Carson 은《침묵의 봄Silent Spring 》을 통해 살충제와 같은 합성물질의 무분별한 사용이 생태계에 미치는 위험성을 고발했습니다. 카슨은 "아마 미래의 역사학자는 우리의 왜곡된 균형감각에 놀랄 것"이라는 말로 과학 낙관주의가 얼마나 치우친 생각인지 지적했습니다.

20세기 후반 등장한 '유전자 치료' 역시 기대를 빗나가면서 과학 낙관주의는 큰 타격을 입었습니다. 유전자의 손상이나 결손이 질병을 일으키기도 한다는 사실이 알려지면서 유전자 치료가 주목받기 시작했지만, 유전자 수준에서 명쾌하게 설명되는 질병은 흔치 않기에 유전자 치료는 제한적일 수밖에 없습니다. 더군다나 1999년 펜실베이니아 대학에서 윤리적으로 다분히 문제가 많은 유전자 치료 임상 시험이 진행되다가 환자가 사망하는 사건이 발생하면서, 유전자 치료의 낙관적 기대에 찬물을 끼얹고 말았습니다.[9]

과학의 성취가 자연스럽게 의학의 발전으로 이어지리라는 막연한 기대와 믿음은 점점 희미해지고 말았습니다. 1995년 신경과학자 리처드 우르트만Richard Wurtman 은 《네이처 메디신 Nature Medicine 》을 통해 "지난 30년간 질병의 발생률과 사망률에 큰 영향을 미친 질병에 대한 효과적인 치료 방법은 거의 발견되지 않았다. ……기대 수명이 늘어나기는 했지만, 이는 예전에 치료할 수 없던 질병에 대한 효과적인 치료법이 개발되었기 때문이 아니다." 라는 말로 의학의 현실을 날카롭게 비판했습니다.[10]

1990년대부터 본격화된 근거기반의학evidence-based medicine 역시 과학 지식에 기반을 둔 추론에 비판을 가했습니다. 근거기반의학은 증거 능력이 강한 좋은 증거는 임상적으로 효과적이므로 임상적 결정을 내리는 데 유용해야 한다고 말합니다. 따라서 환자를 대상으로 진행하는 무작위 대조시험과 관찰연구와 같은 비교임상연구는 과학적 추론이나 단순한 경험에 기댄 전문가의 판단보다 증거 능력이 훨씬 강한 것으로 봅니다. 과학 연구의 결과가 임상적 현안을 해결하거나 임상적 결정을 내리는 데 직접적으로 도움을 주기 어렵다는 뜻입니다.

실험을 통해 얻은 증거가 임상적으로 유용하고 효과적이려면, 환자에게 적용할 수 있는 외적 타당도external validity 가 확보되어야 합니다. 즉 실험에서 나타난 결과를 일반적 상황에도 적용할 수 있어야 한다는 뜻입니다. 하지만 임상적 상황을 고려한다면 통제된 조건에서 세포나 동물의 실험을 기반으로 확보한 연구 데이터는 환자로부터 직접 얻은 임상 데이터에 비해 비판과 반박에 취약할 수밖에 없습니다. 실제 유망한 기초연구 결과는 임상에 잘 적용되지 않고 적용된다 하더라도 오랜 시간이 걸리는 것으로 조사된 바도 있습니다.[11] 따라서 과학 지식이 임상적 진보를 이끌어내는 과정은 늘 더디고 지연될 수밖에 없습니다.

첨단 기술로 무장한 과학적 방식은 신약 개발 분야에서 큰 변화를 불러일으킬 것으로 기대되었고, 실제 약물의 합리적 설계나 표적치료제 개발 등에서 일부 성과도 있었습니다. 하지만 지금까지의 결과만 놓고 보면 우연에 기대어 발견된 신약보다 훨씬 더 효율적이거나 효과적인 치료제가 쏟아져 나오지는 않았습니다. 기대와 달리 신약 개발 비용은 1950년대 이후 크게 증가하는 양상이 나타났습니다. 이는 투자 비용은 늘었지만 연구 개발 효율이 낮아서 신약 개발이 갈수록 어려워지는, 연구 개발의 생산성 위기에 처했다는 뜻입니다.

분자생물학의 시대, 기초연구와 임상연구의 간극

생명과학은 분명 질병에 관한 지식을 축적하고 치료하는 방법을 개발하는 데 크게 기여했습니다. '과학 낙관주의의 종말'이란 과학이 질주한다고 해서 무조건 의학의 발전으로 이어지는 건 아니라는 뜻이지 과학이 더 이상 유효하지 않다는 말은 전혀 아닙니다. 즉 과학 지식을 생산하는 활동과 그 지식을 활용하는 활동하는 사이에 간극이 있다는 말입니다. 사실 1940년에 이미 기초과학과 임상의학 사이의 간극을 비판하는 논문이 발표되기도 했지요.[12]

이러한 간극이 발생한 원인으로 분자생물학 시대에 들어선 것, 기초연구를 하는 의사가 점점 적어지는 것, 의사의 진료 부담이 증가하는 것, 의학적 기여에 대한 평가 방법이 없다는 것 등을 들 수 있습니다.[13] 1950년대까지만 하더라도 생물학 관련 기초연구를 대부분 의사가 수행했으므로, 임상 분야와의 연결성을 일정 부분 유지할 수 있었습니다. 하지만 1970년대 들어 분자생물학이 폭발적 성장하면서 상황이 변하기 시작했습니다. 분자생물학이 독자적 영역을 구축하면서 과학자의 수가 대폭 늘어난 반면, 연구하는 의사의 수가 상대적으로 급격히 줄어 든 것입니다. 또한 의료시스템이 발전하고 의료산업화가 가속화하면서 의사 대부분이 연구 대신 환자 치료에 헌신하게 되었습니다.

연구 성과에 대한 평가 체계도 기초연구와 임상연구 사이의 간극을 점점 벌여놓았습니다. 기초연구 분야는 의학에 얼마나 기여했는지보다 최고의 학술지에 얼마나 논문을 발표했는지를 바탕으로 승진과 연구비 수혜의 기회가 돌아가는 분위기가 되었습니다. 영향력 높은 학술지에 빨리 그리고 많이 논문을 발표하는 것, 즉 논문 생산성이 연구력의 척도로 자리 잡은 것입니다. 임상적 기여가 눈에 금방 띄는 것도 아니고 정량적으로 분석하기 어렵다는 이유도 한몫 작용했습니다. 이렇듯 1970년대 전후 학계 흐름이 바뀌면서, 지식과 가설이 실험실과 병상 사이에서 서로 전파되고 확산되는 일은 점점 더 어렵게 되었습니다.

나아가 자본주의 사회가 발전하면서 학문의 즐거움보다 고소득의 유혹 또한 무시하기 힘들어졌습니다. 12대 미국 국립보건원 원장을 역임한 제임스 윈가든James Wyngaarden은 1979년《뉴잉글랜드 저널 오브 메디신》에 '멸종 위기종으로서의 임상연구자'라는 다소 도발적인 제목의 글을 실으면서 "예전에는 젊은 의사들이 기꺼이 경제적 보장을 뒤로 미루고 연구실에서 호기심을 채우고자 했지만 이제는 '전공의-전임의-포르쉐 증후군'의 희생자가 되고 있다."라는 다소 현학적인 표현으로 물질적 풍요만 추구하는 실태를 비판하기도 했습니다.[14]

1876년 방부 수술의 선구자 조지프 리스터는 에든버러 의과대학의 졸업식에서 "만약 우리에게 금전적 보상과 세속적 명예 외에는 바라볼 만한 것이 없다면 우리 직업은 바람직하지 않을 것입니다. 하지만 실제로는 강렬한 흥미와 순수한 즐거움에 있어서 누구에게도 뒤지지 않는 귀중한 특권을 누릴 수 있음을 알게 될 것입니다."라고 말한 바 있습니다.[15] 하지만 이제는 물질적 풍요를 추구하는 사회 분위기가 대세를 이루면서 리스터의 말은 퇴색한 느낌마저 듭니다.

실험실의 발견과 병상의 관찰이 만날 때

1971년 닉슨 대통령이 암 정복을 선포한 후 기초연구가 활발히 진행되면서 암에 대한 생물학적 이해는 크게 향상되었습니다. 하지만 이런 노력도 무색하게 1990년대 접어들어 암과의 전쟁은 실패로 끝났다는 선언이 나오기 시작했습니다.[16] 암에 대한 과학적 성취에도 불구하고 암 사망률의 감소는 기대에 훨씬 미치지 못했기 때문입니다. 기초연구가 임상적 문제 해결에 큰 도움이 되지 못한다는 것이 일정 부분 사실로 드러나자, 기초연구와 임상연구의 단절을 극복할 방안에 대한 고민이 커지게 되었습니다.

1992년 9월 미국 국립암연구소 소장 새뮤얼 브로더Samuel Broder 가 국립암자문위원회 회의 자리에서 발표한 내용이 이듬해 1월 저명 학술지《암연구》에 발표되었습니다.[17] 이 논문에서 '중개연구translational research '라는 용어가 최초로 사용된 것으로 보입니다.[18] 브로더는 "실험실에서 얻은 과학적 지식을 병상으로 혹은 병원의 병상에서 얻은 임상적 지식을 실험실로 옮기는 일"로 중개연구의 의미를 설명했습니다. 하지만 중개연구라는 용어를 처음 만든 사람이 누구인지, 언제 처음 사용되었는지 등에 대해서는 정확히 알려진 바가 없습니다.

1990년대 중반 이후 엄밀함은 다소 부족하지만 중개연구가 무엇인지 간략하게 정의하는 문헌이 본격적으로 나타나기 시작합니다.[19] 1996년 병리학자 아디 가즈다Adi Gazdar 는《네이처 메디신》를 통해 "사람의 건강에 직접적 이익을 주기 위해 실험실에서의 발견을 질병의 진단, 치료, 예후, 예방에 임상적 개입으로 번역하는 과정"이라고 중개연구를 정의했습니다.[20] 다소 관념적 수준의 정의였지만 이후 생의학 연구의 중심에 서기에는 충분했습니다.

중개연구에 대한 기대와 열망은 '중개연구' 또는 '중개의학'이라는 용어가 들어간 학술지가 수십 종 이상 등장했다는 데서도 찾아볼 수 있습니다. 학술지가 만들어지고 늘어난다는 것은 해당 분야의 연구자 수와 연구비 액수가 크게 증가되었다는 지표로 볼 수 있기 때문입니다. 뿐만 아니라 미래 의학의 모습을 낙관할 만한 사례도 일부 축적되기 시작했습니다.[21] 이를테면 'BRCA1'이라는 유전자의 돌연변이가 유방암과 난소암의 위험인자로 밝혀지면서, 예방적 수술을 통해 암 발생을 원천적으로 차단할 수 있는 길이 열렸습니다.

15대 미국 국립보건원 원장을 역임했던 엘리아스 저후니Elias Zerhouni는 중개연구의 중요성을 강조하면서 "오늘날 우리가 목격하는 놀라운 과학 혁신을 국가적 건강 증진으로 전환하는 일은 의생명과학 연구 사업에 참여한 연구자의 책무"라고 말한 바 있습니다. 이렇듯 중개연구라는 용어 속에서는 실험실의 발견과 병상의 관찰 결과가 서로 교환되면 기초연구의 성과가 임상에 적용되고 새로운 임상 관찰이 기초연구를 촉발하리라는 기대가 담겨 있었습니다. 그렇지만 중개연구에 대한 기대에 비해 정의와 범위는 여전히 명쾌하지 않았습니다.

과학이 원활하게 진보하려면 통상적으로 기초연구와 임상연구 사이에 간극이 없어야 한다고 생각합니다. 그 간극을 없앨 수 있으리라는 기대 속에 중개연구가 등장했고요. 하지만 중개연구가 무엇인지 제대로 정의하고 중개연구가 아닌 것과의 경계를 명확히 하기 어렵다면, 기초연구와 임상연구 사이 간극을 메울 방안을 찾는 일 또한 쉽지 않을 터입니다.

중개가능성과 예측성을 향한 생명과학의 꿈

중개연구라는 용어가 등장한 이유를 곰곰이 살펴보면, 사실 희망이나 기대보다 좌절이나 절망에서 기인한 은유적 개념임을 눈치챌 수 있습니다.[22] 기초연구의 성과가 기대만큼 임상 현장이나 공중보건에 잘 적용되었다면 중개연구라는 용어가 주목받을 이유도 없었겠지요. 중개연구는 결국 우리가 알고 있는 사실과 우리가 할 수 있는 조치 사이에 놓인 절망적 괴리와 좌절을 가리키는 말입니다. 그렇다면 기초연구 결과는 왜 임상 현장으로 잘 이어지지 못할까요? 여기에는 우리가 애써 외면, 호도, 은폐하고 있는 문제가 있습니다.

우선 과학 지식은 근본적으로 불확실하다는 내재적 한계를 외면하는 현실을 지적할 수 있습니다. 실험실에서 생산되는 생물학 지식은 법칙에 거의 기대지 않기에, 지식의 불안전성 문제가 불거질 수밖에 없습니다. 통계학자 조지 박스가 "기본적으로 모든 모델은 다 틀렸지만 일부는 유용할 수 있다."라고 지적한 것과 일맥상통합니다. 철학자 칼 포퍼 Karl Popper 가 "반박에 견뎌낼 때까지만 과학 지식은 참으로 받아들여지기 때문에 과학은 열린 사회에서만 번성한다."고 말한 것도 마찬가지입니다.

실험을 통해 얻은 생물학 지식은 왜 그렇게 불안정할까요? 실험실이라는 통제되고 이상화된 공간에서 유도한 현상은 실제 세계에서 일어나는 현상에 근접할지언정 동일하지 않습니다. 실험실 연구는 대략적 추정과 가정에 의존하여 실제 세계를 모방하기에 필연적으로 내재적 한계가 발생하지요. 무엇보다도 아직 우리는 제대로 아는 것이 많지 않습니다. 따라서 중개가능성 translatability 과 예측성 predictability , 즉 어떤 지식이 임상 현장에 적용될 수 있느냐와 이를 얼마나 성공적으로 예측할 수 있는지에 대해 고민이 생겨날 수밖에 없습니다.

과학 연구의 이미지는 은폐되고 가공된 면이 다분합니다. 1962년 노벨 생리의학상을 수상한 제임스 왓슨은 "과학적 발전이 어떻게 이루어졌는지 일반 대중은 너무도 모르고 있다."라는 말로 선형적이지도 정형적이지도 않은 연구 현장의 모습을 압축적으로 지적한 바 있습니다. 고생물학자 스티븐 제이 굴드Stephen Jay Gould가 과학자를 가리켜 "명확하고 모호하지 않은 발견에 대해 지위와 힘을 부여하는 직업"이라고 정리한 말이 과학의 현실을 잘 지적한 듯 보입니다.

더군다나 기초와 임상 혹은 학계와 산업계 연구자의 가치 체계가 각지각색이라는 사실이 흔히 은폐되고 있습니다. 각 분야에 종사하는 연구자에게는 각자 자기 연구의 고유한 목적과 목표가 있습니다. 자신의 진로를 선택할 때부터 개인의 가치관이나 사적 경험이 중요하게 작용하고, 이런 요소들이 합쳐져 한 연구자의 정체성을 형성하지요. 따라서 연구자의 가치 체계를 고려하지 않는다면 현실적인 문제 해결책이 나오기 어려울 수밖에 없습니다. 이런 면에서 볼 때 중개연구의 정체성은 상당히 모호한 면이 있습니다.

중개연구를 위한 문해력을 기르자

순수한 호기심의 응용으로부터 과학이 발전한다는 생각은 너무 단순하지만 대체로 그렇게 생각하는 경향이 있지요.[23] 기초연구를 통해 얻은 지식이 축적된다고 해서 저절로 유용한 응용으로 이어지는 것은 아닙니다. '기초에서 응용'이라는 모델로서 기초연구를 확장하면 임상적 응용으로 이어져 혁신의 빈도가 증가하리라는 가정이 지배적인 연구 패러다임이긴 하지만, 치료 성과로 이행하는 데 실패 사례가 늘어나면서 이러한 가정은 부분적으로만 타당하다는 것이 점점 더 명백해지고 있습니다.[24]

어떤 면에서는 기초연구와 임상연구를 이분법적으로 인식하는 학계의 전통 자체가 원활한 중개연구를 가로막는 심리적 장벽일 수도 있습니다. 진영 논리는 흔히 소통보다 대립적 구도를 만들어내니까요. 의사이자 전산학자인 고팔 사르마Gopal Sarma 은 "바네바 부시는 75년 전 기초연구와 임상연구의 이분법을 내세웠는데, 지금도 여전히 많은 과학 정책이 이를 바탕으로 구축되고 있다. 하지만 과학 연구에 대한 이런 인식이 21세기 의학의 목적에 가장 적합한지 평가가 필요할 때이다."라고 말한 바 있습니다.[25]

연구의 현실을 다시금 냉정하게 직시할 필요도 있습니다. 엘리트 학술지에 발표되었다고 해서 무조건 임상적 적용 가능성이 높다는 의미는 아닙니다. 또한 실험은 생각보다 정교하지 않으며 다소 안일한 모습도 종종 나타납니다. 실험실 연구자는 연구 절차의 표준화보다 최적화에 더 큰 비중을 두지만, 학술지에 실린 논문에서는 실험과 관련된 충분한 정보를 찾기 힘든 경우가 많습니다. 또한 실험은 명시적 지식보다 암묵적 지식에 의존하는 경향이 크고요. 실험실 연구의 이와 같은 현실은 연구 결과의 재현조차 어렵게 만들기도 합니다.[26]

최근 '재현성의 위기reproducibility crisis'라는 말이 심심찮게 등장하는 현실도 이런 상황을 반영합니다.[27] 한 과학자가 수행한 연구 결과가 다른 과학자에게선 제대로 재현되지 않는다는 말입니다. 실제로 바이오테크 회사 암젠Amgen 의 종양 연구자들이 저명 학술지에 발표된 연구 결과를 대상으로 실시한 재현 실험 성공률이 단지 11% 정도에 그치기도 했지요.[28] 이와 비슷하게 제약회사 바이엘Bayer 에서 실시한 재현 실험에서도 성공률은 20% 정도에 지나지 않았습니다.[29]

연구자가 지닌 편향도 실험 결과에 큰 영향을 줄 수 있습니다. 아르투어 쇼펜하우어Arthur Schopenhauer 는《의지와 표상으로서의 세계》에서 "채택된 가설은 그 가설을 지지하는 모든 것에 눈독을 들이게 하지만 가설을 반박하는 모든 것에 눈을 멀게도 한다."라고 편향의 문제를 지적했습니다. 1960년 노벨 생리의학상을 수상한 피터 메다워가 《젊은 과학자에게》에서 한 "가설에 대한 확신의 강도는 그 가설의 진실성에 어떤 영향도 주지 못합니다."라는 말도 과학이 지닌 취약성을 반증했습니다. 2002년 노벨 경제학상을 수상한 대니얼 카너먼Daniel Kahneman 도 '이론에 따른 맹목theory-induced blindness '라는 말로 과학자의 사고방식이 취약할 수 있음을 지적한 바 있지요.

실험이 지닌 내재적 불완전성이 아니더라도 오류 발생의 취약성은 사용하는 세포의 오염 문제에서 잘 드러납니다. 세포 실험이 잦은 실험실에서는 한 종류 세포만이 아니라 수십 종 넘는 서로 다른 세포를 관리하고 배양하는 일이 허다합니다. 그래서 사소한 부주의로 서로 다른 세포가 뒤섞이는 일이 일어나기 쉽습니다. 실제 오염된 세포를 사용해 연구를 진행한 사례를 분석했더니 3만 편 이상의 논문이 해당되기도 했습니다.[30] 부주의에 따른 오류는 재현되지 않는 잘못된 지식을 생산하는 등 심각한 피해를 낳기 마련입니다.[31]

또한 출판 편향publication bias 문제도 빼놓을 수 없습니다. 사회심리학자 로저 히네르소로야Roger Giner-Sorolla 는 "적절한 결론에 도달하기 위해 미화하지 않고 나쁜 면까지 모두 실은 논문보다 유의미하고 일관된 결과를 실은 논문을 선호할 수 있다. 불완전해 보이지만 실질적 결론에 도달하는 논문보다 완벽해 보이는 논문을 선호할 수 있다."라며 논문 출판의 미학적 기준 문제를 비판한 바 있습니다.[32] 학술지에 실린 논문은 있는 철저히 재구성된 산물이라는 점을 놓쳐서는 안 됩니다.

일찍이 프랜시스 베이컨은 《신기관》에서 "부정적인 것보다 긍정적인 것에 더 감동하고 흥분하는 것은 인간 지성의 영원한 오류이다."라고 말했죠. 임상 현장은 실제 세계real world 의 한 부분인데, 출판된 부분은 미학적으로 정제되고 선별된 말끔한 세계를 표상하고 있다는 점에서도 중개연구의 어려움을 이해할 수 있습니다. 연구의 현실과 한계를 잘 이해하는 일이야말로 성공적인 중개연구를 위한 문해력을 기르는 지름길인 셈입니다. 이는 미래의 생명과학자나 의사과학자에게 중요한 시사점을 던지는 것이기도 합니다.

미주

들어가며

1) Laplane et al. (2019) 116. Opinion: Why science needs philosophy. Proc Natl Acad Sci USA. pp.3948-3952.

2) McLaughlin P. (2002) 35. Naming biology. J Hist Biol. pp.1-4.

3) Woodruff LL. (1921) 12. History of biology. The Scientific Monthly. pp.253-281; Stafleu FA. (1971) 20. Lamarck: The birth of biology. Taxon. pp.397-442; Longo & Soto. (2016) 122. Why do we need theories? Prog Biophys Mol Biol. pp.4-10.

4) Quirke & Gaudillière. (2008) 52. The era of biomedicine: science, medicine, and public health in Britain and France after the Second World War. Med Hist. pp.441-452.

5) Keller EF. (2007) 445. A clash of two cultures. Nature. p.603.

6) Mayr E. (1961) 134. Cause and effect in biology. Science. pp.1501-1506.

7) Horton R. (1997) 349. A manifesto for reading medicine. Lancet. pp.872-874.

출산

1) Caspermeyer J. (2015) 32. Unraveling the Genetic Basis of Seahorse Male Pregnancy. Mol Biol Evol. p.3278; Whittington et al. (2015) 32. Seahorse Brood Pouch Transcriptome Reveals Common Genes Associated with Vertebrate Pregnancy. Mol Biol Evol. pp.3114-3131; Vincent et al. (1992) 7. Pipefishes and seahorses: Are they all sex role reversed? Trends Ecol Evol. pp.237-241.

2) Horseman & Buntin. (1995). Regulation of pigeon cropmilk secretion and parental behaviors by prolactin. Annu Rev Nutr. p.15, pp.213-238.

3) Francis et al. (1994) 367. Lactation in male fruit bats. Nature. pp.691-692; Kunz & Hosken. (2009) 24. Male lactation: why, why not and is it care? Trends Ecol Evol. pp.80-85.

4) Sherman & Flaxman. (2002) 186. Nausea and vomiting of pregnancy in an evolutionary perspective. Am J Obstet Gynecol. (5 Suppl Understanding), S190-197.

5) Whitcome et al. (2007) 450. Fetal load and the evolution of lumbar lordosis in bipedal hominins. Nature. pp.1075-1078.

6) Haig D. (1996) 35. Altercation of generations: genetic conflicts of pregnancy. Am J Reprod Immunol. pp.226-232; Haig D. (1993) 68. Genetic conflicts in human pregnancy. Q Rev Biol. pp.495-532.

7) PrabhuDas et al. (2015) 16. Immune mechanisms at the maternal-fetal interface: perspectives and challenges, Nat Immunol. pp.328-334; Arck & Hecher. (2013) 19. Fetomaternal immune

cross-talk and its consequences for maternal and offspring's health. Nat Med. pp.548-556.

8) 이미선. (2021) 195, 〈조선시대 왕실여성의 사인(死因) 유형과 임종장소 변화-후궁을 중심으로-. 한국사연구〉, 127-178쪽.

9) e-나라지표(https://www.index.go.kr/potal/main/EachDtlPageDetail.do?idx_cd=2769)

10) Jeong et al. (2004) 38. Paleopathologic Analysis of a mummified pregnant woman of Papyung Yoon's family. Korean J. Pathol. pp.394-400.

11) Van Dongen PWJ. (2009) 15. Caesarean section - Etymology and early history. SAJOG. pp.62-67.

12) Todman D. (2007) 47. A history of caesarean section: from ancient world to the modern era. Aust N Z J Obstet Gynaecol. pp.357-361.

13) Drife J. (2002) 78. The start of life: a history of obstetrics. Postgrad Med J. pp.311-315.

14) Dodd et al. (2017) 543. Evidence for early life in Earth's oldest hydrothermal vent precipitates. Nature. pp.60-64.

15) Pyron & Burbrink. (2014) 17. Early origin of viviparity and multiple reversions to oviparity in squamate reptiles. Ecology Lett. pp.13-21.

16) Wittman & Wall. (2007) 62. The evolutionary origins of obstructed labor: bipedalism, encephalization, and the human obstetric dilemma. Obstet Gynecol Surv. pp.739-748.

17) Leutenegger W. (1974) 3. Functional aspects of primate pelvic structure: a multivariate approach. J Human Evol. pp.207-222.

18) Huseynov et al. (2016) 113. Developmental evidence for obstetric adaptation of the human female pelvis. Proc Natl Acad Sci USA. pp.5227-5232; Washburn SL. (1960) 203. Tools and human evolution. Sci Am. pp.63-75.

19) Wittman & Wall. (2007) 62. The evolutionary origins of obstructed labor: bipedalism, encephalization, and the human obstetric dilemma. Obstet Gynecol Surv. pp.739-748; Wells et al. (2012) 149. The obstetric dilemma: an ancient game of Russian roulette, or a variable dilemma sensitive to ecology? Am J Phys Anthropol. Suppl 55, pp.40-71; Fischer & Mitteroecker. (2015) 112. Covariation between human pelvis shape, stature, and head size alleviates the obstetric dilemma. Proc Natl Acad Sci USA. pp.5655-5660.

20) 필자가 이전에 쓴 글에서 일부 발췌하고 변형했습니다. 전주홍. (2016) 7, 〈유전체 편집기술은 프로메테우스의 불인가: 디자이너 베이비에 관련된 논쟁〉,《스켑틱(Skeptic)》, 124-139쪽.

21) Kim et al. (2021) 64. The first woman born by in vitro fertilization in Korea gave birth to a healthy baby through natural pregnancy. Obstet Gynecol Sci. pp.390-392.

22) Johnson MH. (2011) 23. Robert Edwards: the path to IVF. Reprod. Biomed. Online. pp.245-262.

23) Rachels J. (1987) 1. A report from America: Baby M. Bioethics. pp.356-365.

24) Handyside et al. (1989) 333. Biopsy of human preimplantation embryos and sexing by DNA amplification. Lancet. pp.347-349.

25) Braude P. (2006) 355. Preimplantation diagnosis for genetic susceptibility. N. Engl. J. Med. pp.541-543; Collins SC. (2013) 25. Preimplantation genetic diagnosis: technical advances and expanding applications. Curr. Opin. Obstet. Gynecol. pp.201-206.

26) Dobson R. (2000) 321. "Designer baby" cures sister. BMJ. p.1040.

27) Murray TH. (2014) 343. Genetics. Stirring the simmering "designer baby" pot. Science. pp.1208-1210.

28) McNutt M. (2015) 350. Breakthrough to genome editing. Science. p.1445; Travis J. (2015) 350. Making the cut. Science. pp.1456-1457.

29) Liang et al. (2015) 6. CRISPR/Cas9-mediated gene editing in human tripronuclear zygotes. Protein Cell. pp.363-372.

30) Lanphier et al. (2015) 519. Don't edit the human germ line. Nature. pp.410-411.

31) Berg et al. (1975) 188. Asilomar conference on recombinant DNA molecules. Science. pp.991-994; Berg P. (2008) 455. Meetings that changed the world: Asilomar 1975: DNA modification secured. Nature. pp.290-291; Ledford H. (2015) 526. Where in the world could the first CRISPR baby be born?. Nature. pp.310-311; Vogel G. (2015) 347. Bioethics. Embryo engineering alarm. Science. p.1301; Baltimore et al. (2015) 348. A prudent path forward for genomic engineering and germline gene modification. Science. pp.36-38.

32) Cyranoski D. (2019) 566. The CRISPR-baby scandal: what's next for human gene-editing. Nature. pp.440-442; Greely HT. (2019) 6. CRISPR'd babies: human germline genome editing in the 'He Jiankui affair'. J Law Biosci. pp.111-183.

33) https://www.science.org/content/article/researcher-who-created-crispr-twins-defends-his-work-leaves-many-questions-unanswered

유전

1) Watson & Crick. (1953) 171. Molecular structure of nucleic acids: a structure for deoxyribose nucleic acid. Nature. pp.737-738.

2) Kemp M. (2003) Jan 23. The Mona Lisa of modern science. Nature. ;421(6921): 416-20.

3) 제임스 왓슨 지음, 최돈찬 옮김, 2006, 《이중나선》, 궁리, 126쪽.

4) Mukherjee S. (2016). The Gene: An Intimate History. Simon and Schuster. pp.21-22.

5) Dunn PM. (2006) 91. Aristotle. (384-322 bc): philosopher and scientist of ancient Greece. Arch Dis Child Fetal Neonatal Ed. F75-F77; Trompoukis et al. (2007) 39. Semen and the diagnosis of infertility in Aristotle. Andrologia. pp.33-37.

6) Mittwoch U. (2005) 49. Sex determination in mythology and history. Arq Bras Endocrinol

Metab. pp.7-13; Mittwoch U. (2013) 14. Sex determination. EMBO Rep. pp.588–592.

7) Clift & Schuh. (2013) 14. Restarting life: fertilization and the transition from meiosis to mitosis. Nat Rev Mol Cell Biol. pp.549-562.

8) 유전에 관한 상세한 문화사적 고찰은 《유전의 문화사》(슈타판 뮐러빌레, 한스외르크 라인베르거 저, 현재환 역, 부산대학교출판문화원, 2022)의 일부 내용을 발췌 및 변형했습니다.

9) Avery et al. (1944) 79. Studies on the chemical nature of the substance inducing transformation of pneumococcal types: Induction of transformation by a desoxyribonucleic acid fraction isolated from pneumococcus type III. J Exp Med. pp.137–158.

10) Griffith F. (1928) 27. The Significance of Pneumococcal Types. J Hyg (Lond). pp.113-159.

11) 록펠러 대학의 알프레도 머스키 또한 에이버리의 발견을 집요하게 평가절하했습니다.; 제임스 왓슨·앤드루 베리 지음, 이한음 옮김, 2003, 《DNA: 생명의 비밀》, 까치, 54-55쪽; Reichard P. Osvald T. (200) 277. Avery and the Nobel Prize in medicine. J Biol Chem. pp.13355-13362; Cobb M. (2014) 24. Oswald Avery, DNA, and the transformation of biology. Curr Biol. R55-R60.

12) Crick F. (1970) 227. Central dogma of molecular biology. Nature. pp.561-563.

13) Watson & Crick. (1953) 171. Genetical implications of the structure of deoxyribonucleic acid. Nature. pp.964-947.

14) https://www.nobelprize.org/prizes/medicine/1962/perspectives/

15) Lindholm J. (2006) 9. Growth hormone: historical notes. Pituitary. pp.5-10.

16) Raven MS. (1958) 18. Treatment of a pituitary dwarf with human growth hormone. J Clin Endocrinol Metab. pp.901-903.

17) Jackson et al. (1972) 69. Biochemical method for inserting new genetic information into DNA of Simian Virus 40: circular SV40 DNA containing lambda phage genes and the galactose operon of Escherichia coli. Proc Natl Acad Sci. USA. pp.2904-2909.

18) Cohen et al. (1973) 70. Construction of biologically functional bacterial plasmids in vitro. Proc Natl Acad Sci USA. pp.3240–3244.

19) Goeddel et al. (1979) 76. Expression in Escherichia coli of chemically synthesized genes for human insulin. Proc Natl Acad Sci USA. pp.106–110.

20) Goeddel et al. (1979) 281. Direct expression in Escherichia coli of a DNA sequence coding for human growth hormone. Nature. pp.544–548; Flodh H. (1986) 325. Human growth hormone produced with recombinant DNA technology: development and production. Acta Paediatr Scand Suppl. pp.1–9.

21) Cello et al. (2002) 297. Chemical synthesis of poliovirus cDNA: generation of infectious virus in the absence of natural template. Science. pp.1016-1018.

22) Gibson et al. (2008) 319. Complete chemical synthesis, assembly, and cloning of a Mycoplasma genitalium genome. Science. pp.1215-1220; Annaluru et al. (2014) 344. Total synthesis of a functional designer eukaryotic chromosome. Science. pp.55-58; Haimovich et

al. (2015) 16. Genomes by design. Nat. Rev. Genet. pp.501-516.

23) Gibson et al. (2010) 329. Creation of a bacterial cell controlled by a chemically synthesized genome. Science. pp.52-56; Hutchison et al. (2016) 351. Design and synthesis of a minimal bacterial genome. Science. aad6253.

24) 필자가 쓴 다음 글에서 부분 발췌하고 변형했습니다. 전주홍, (2016) 7, 〈유전체 편집기술은 프로메테우스의 불인가: 디자이너 베이비에 관련된 논쟁〉, 《스켑틱(Skeptic)》, 124-139쪽.

25) 김호연 지음, 2009, 《우생학, 유전자 정치의 역사》, 아침이슬, 41-50쪽.

26) 앙드레 피쇼 지음, 이정희 옮김, 2009, 《우생학: 유전학의 숨겨진 역사》, 아침이슬, 125-136쪽.

27) Yengo et al. (2022) 610. A saturated map of common genetic variants associated with human height. Nature. pp.704-712.

마음

1) 마음에 대한 과학적, 역사적, 문화적 의미는 필자가 참여한 《마음의 장기 심장》(바다출판사, 2016)에서 일부분을 발췌하고 변형했습니다.

2) Reuben A. (2004) 39. The body has a liver, Hepatology. pp.1179-1181; Arrese M. (2012) 32. The liver in painting: a case of abstraction. Liver Int. pp.873-874.

3) Martins & Martins. (2013) 15. History of liver anatomy: Mesopotamian liver clay models. HPB (Oxford). pp.322-323.

4) Shoja & Tubbs. (2007) 210. The history of anatomy in Persia. J Anat. pp.359-378.

5) Foster JH. (1991) 126. History of liver surgery. Arch Surg. pp.381-387.

6) Riva et al. (2011) 55. "The city of Hepar": Rituals, gastronomy, and politics at the origins of the modern names for the liver. J Hepatol. pp.1132-1136.

7) Chen & Chen. (1994) 87. The myth of Prometheus and the liver. J R Soc Med. pp.754-755.

8) Tiniakos et al. (2010) 53. Tityus: a forgotten myth of liver regeneration, J Hepatol. pp.357-361; Roffi L. (2012) 57. Liver in mythology: a different version of Tityos' myth, J Hepatol. pp.710-711.

9) Cahill KM. (1963) 111. Platonic concepts of hepatology. Arch Intern Med. pp.819-822; Arrese M. (2008) 28. The liver in poetry: Neruda's 'Ode to the liver'. Liver Int. pp.901-905.

10) Orlandi et al. (2018) 2. "I Miss My Liver." Nonmedical Sources in the History of Hepatocentrism. Hepatol Commun. pp.982-989.

11) Karamanou M, Androutsos G, Tsoucalas G. (2014) 35. Landmarks in the history of cardiology I. Eur Heart J. pp.677-679.

12) 올레 히스타 지음, 안기순 옮김, 2007, 《하트의 역사》, 도솔출판사, 25-34쪽.

13) Carelli F. (2011) 4. The book of death: weighing your heart. London J Prim Care (Abingdon).

pp.86-87.

14) 이동준, 2016, 《신화와 종교에 나타난 심장의 인간학(마음의 장기 심장 중에서)》, 바다출판사, 91-149쪽.

15) 전주홍, 2016, 《심장의 이해: 주술에서 과학으로(마음의 장기 심장 중에서)》, 바다출판사, 17-59쪽.

16) Loukas et al. (2007) 120. The cardiovascular system in the pre-Hippocratic era, Int J Cardiol pp.145-149.

17) Minagar et al. (2003) 11. The Edwin Smith surgical papyrus: description and analysis of the earliest case of aphasia. J Med Biogr. pp.114-117; van Middendorp et al. (2010) 19. The Edwin Smith papyrus: a clinical reappraisal of the oldest known document on spinal injuries. Eur Spine J. pp.1815-1823.

18) Loukas et al. (2016) 29. History of cardiac anatomy: a comprehensive review from the Egyptians to today. Clin Anat. pp.270-284.

19) Doty RW. (2007) 147. Alkmaion's discovery that brain creates mind: a revolution in human knowledge comparable to that of Copernicus and of Darwin. Neuroscience. pp.561-568; Celesia GG. (2012) 21. Alcmaeon of Croton's observations on health, brain, mind, and soul. J Hist Neurosci. pp.409-426.

20) Pandya SK. (2011) 9. Understanding brain, mind and soul: contributions from neurology and neurosurgery. Mens Sana Monogr. pp.129-149.

21) Marinković et al. (2014) 73. Heart in anatomy history, radiology, anthropology and art. Folia Morphol (Warsz). pp.103-112.

22) 매튜 코브 지음, 이한나 옮김, 2021, 《뇌 과학의 모든 역사》, 푸른숲, 45-53쪽.

23) Hunter & Macalpine. (1957) 12. William Harvey: His Neurological and Psychiatric Observations. J. Hist. Med. Allied Sci. pp.126 – 139.

24) Hansotia P. (2003) 1. A neurologist looks at mind and brain: "the enchanted loom". Clin Med Res. pp.327-332.

25) Tubbs et al. (2011) 27. The bishop and anatomist Niels Stensen (1638-1686) and his contributions to our early understanding of the brain. Childs Nerv Syst. pp.1-6.

26) Piccolino M. (2006) 329. Luigi Galvani's path to animal electricity. C R Biol. pp303-318.

27) Parent A. (2004) 31. Giovanni Aldini: from animal electricity to human brain stimulation. Can J Neurol Sci. pp.576-584.

28) Teles RV. (2020) 14. Phineas Gage's great legacy. Dement Neuropsychol. pp.419-421.

29) Cooper DK. (2001) 20. Christiaan Barnard and his contributions to heart transplantation. J Heart Lung Transplant. pp.599-610.

30) De Carlos & Borrell. (2007) 55. A historical reflection of the contributions of Cajal and Golgi to the foundations of neuroscience. Brain Res Rev. pp.8-16; Grant G. (2007) 55. How the 1906 Nobel Prize in Physiology or Medicine was shared between Golgi and Cajal. Brain Res

Rev. pp.490-498.

31) Ban TA. (2007) 3. Fifty years chlorpromazine: a historical perspective. Neuropsychiatr Dis Treat. pp.495-500; Brown & Rosdolsky. (2015) 172. The clinical discovery of imipramine. Am J Psychiatry. pp.426-429.

32) Vardy & Kay. (1983) 40. LSD psychosis or LSD-induced schizophrenia? A multimethod inquiry. Arch Gen Psychiatry. pp.877-883; Hermle et al. (1992) 32. Mescaline-induced psychopathological, neuropsychological, and neurometabolic effects in normal subjects: experimental psychosis as a tool for psychiatric research. Biol Psychiatry. pp.976-991.

33) Lim et al. (2004) 429. Enhanced partner preference in a promiscuous species by manipulating the expression of a single gene. Nature. pp.754-757; Balaban E. (2004) 429. Neurobiology: why voles stick together. Nature. pp.711-712; Konner M. (2004) 429. The ties that bind. Nature. p.705.

34) Carter & Porges. (2013) 14. The biochemistry of love: an oxytocin hypothesis. EMBO Rep. pp.12-16.

35) Scatliffe et al. (2019) 12. Oxytocin and early parent-infant interactions: A systematic review. Int J Nurs Sci. pp.445-453.

36) Jacyna S. (2009) 132. The most important of all the organs: Darwin on the brain. Brain. pp.3481-3487.

37) Baniqued et al. (2021) 18. Brain-computer interface robotics for hand rehabilitation after stroke: a systematic review. J Neuroeng Rehabil. p.15.

질병

1) Savel & Munro. (2014) 23. From Asclepius to Hippocrates: the art and science of healing. Am J Crit Care. pp.437-439.

2) Grammaticos & Diamantis. (2008) 11. Useful known and unknown views of the father of modern medicine, Hippocrates and his teacher Democritus. Hell J Nucl Med. pp.2-4.

3) Kleisiaris et al. (2014) 7:6. Health care practices in ancient Greece: The Hippocratic ideal. J Med Ethics Hist Med. eCollection 2014.

4) Yapijakis C. (2009) 23. Hippocrates of Kos, the father of clinical medicine, and Asclepiades of Bithynia, the father of molecular medicine. In Vivo. pp.507-514; Falagas et al, Samonis G. (2006) 20. Science in Greece: from the age of Hippocrates to the age of the genome. FASEB J. pp.1946-1950.

5) Parapia LA. (2008) 143. History of bloodletting by phlebotomy. Br J Haematol. pp.490-495.

6) Orfanos CE. (2007) 21. From Hippocrates to modern medicine. J Eur Acad Dermatol Venereol. pp.852-858.

7) Sakula A. (1984) 77. In search of Hippocrates: a visit to Kos. J R Soc Med. pp. 682-688.

8) Franco NH. (2013) 3. Animal experiments in biomedical research: a historical perspective. Animals (Basel). pp.238-273.

9) von Staden H. (1992) 65. The discovery of the body: human dissection and its cultural contexts in ancient Greece. Yale J Biol Med. pp.223-241.

10) Androutsos et al. (2013) 54. The contribution of Alexandrian physicians to cardiology. Hellenic J Cardiol. pp.15-17.

11) Dunn PM. (2003) 88. Galen (AD 129-200) of Pergamun: anatomist and experimental physiologist. Arch Dis Child Fetal Neonatal Ed. F441-F443

12) Ghosh SK. (2015) 48. Human cadaveric dissection: a historical account from ancient Greece to the modern era. Anat Cell Biol. pp.153-169.

13) Park K. (1994) 47. The Criminal and the Saintly Body: Autopsy and Dissection in Renaissance Italy. Renaissance Quarterly. pp.1-33; Weisz GM. (1997) 67. The papal contribution to the developm ent of modern medicine. Aust N Z J Surg. pp.472-475.

14) 월터 아이작슨 지음, 신봉아 옮김, 2019, 《레오나르도 다빈치》, 아르테, 279-280쪽, 508쪽.

15) Georgieva et al. (2013) 45. Andreas Vesalius (1514-1564) - the founder of modern human anatomy. Scripta Scientifica Medica, (suppl 1), pp.13-18; Ambrose CT. (2014) 12. Andreas Vesalius (1514-1564) - an unfinished life. Acta Med Hist Adriat. pp.217-230.

16) 전주홍·최병진, (2020) 42, 〈근대 파도바 대학의 학문적 성공요인과 의학부 교육과정에 대한 분석〉, 문화와 융합, 801-827쪽.

17) Editorials. (1969) 210. Theophile Bonet (1620-1689), physician of Geneva. JAMA. p.899; Ventura HO. (2000) 23. Giovanni Battista Morgagni and the foundation of modern medicine. Clin Cardiol. pp.792-794.

18) Ghosh SK. (2017) 92. Giovanni Battista Morgagni (1682-1771): father of pathologic anatomy and pioneer of modern medicine. Ana t Sci Int. pp.305-312.

19) Cameron GR. (1952) 9. The Life and Times of Giambattista Morgagni. F.R.S. 1682-1771. Notes and Records of the Royal Society of London. pp.217-243.

20) Zani & Cozzi. (2008) 43. Giovanni Battista Morgagni and his contribution to pediatric surgery. J Pediatr Surg. pp.729-733.

21) van den Tweel & Taylor. (2010) 457. A brief history of pathology: Preface to a forthcoming series that highlights milestones in the evolution of pathology as a discipline. Virchows Arch. pp.3-10.

22) Lawson I. (2016) 70. Crafting the microworld: how Robert Hooke constructed knowledge about small things. Notes Rec R Soc Lond. pp.23-44.

23) Gest H. (2004) 58. The discovery of microorganisms by Robert Hooke and Antoni Van Leeuwenhoek, fellows of the Royal Society. Notes Rec R Soc Lond. pp.187-201.

24) Shoja et al. (2008) 190. Marie-François Xavier Bichat (1771-1802) and his contributions to the foundations of pathological anatomy and modern medicine. Ann Anat. pp.413-420.

25) Schultz M. Rudolf Virchow. (2008) 14. Emerg Infect Dis. pp.1480 –1481.

26) Di Lonardo et al. (2015) 6. Cancer: we should not forget the past. J Cancer. pp.29-39.

27) Dale HH. (1950) 1. Advances in medicinal therapeutics. Br Med J. pp.1-7.

28) Rees J. (2002) 296. Complex disease and the new clinical science. Science. pp.698-701; Charlton & Andras. (2005) 98. Medical research funding may have over-expanded and be due for collapse. QJM-Int-J Med. pp.53-55.

장기

1) Ren et al. (2017) 8. First cephalosomatic anastomosis in a human model. Surg Neurol Int. p.276.

2) Furr et al. (2017) 41. Surgical, ethical, and psychosocial considerations in human head transplantation. Int J Surg. pp.190-195.

3) Leberfinger et al. (2017) 6. Concise Review: Bioprinting of Stem Cells for Transplantable Tissue Fabrication. Stem Cells Transl Med. pp.1940-1948; Ong et al. (2018) 83. 3D bioprinting using stem cells. Pediatr Res. pp.223-231.

4) Pawlina W. (2016). A Text and Atlas: With Correlated Cell and Molecular Biology (7th Edition). pp97-100.

5) Nordham & Ninokawa. (2021) 35. The history of organ transplantation. Proc (Bayl Univ Med Cent). pp.124-128.

6) Champaneria et al. (2014) 73. Sushruta: father of plastic surgery. Ann Plast Surg. pp.2-7.

7) Tomba et al. (2014) 18. Gaspare Tagliacozzi, pioneer of plastic surgery and the spread of his technique throughout Europe in "De Curtorum Chirurgia per Insitionem". Eur Rev Med Pharmacol Sci. pp.445-450.

8) Barker & Markmann. (2013) 3. Historical overview of transplantation. Cold Spring Harb Perspect Med. a014977

9) Cooper DK. (2012) 25. A brief history of cross-species organ transplantation. Proc (Bayl Univ Med Cent). pp.49-57.

10) Palacios-González C. (2015) 18. Human dignity and the creation of human-nonhuman chimeras. Med Health Care Philos. pp.487-499.

11) Bazopoulou-Kyrkanidou E. (2001) 100. Chimeric creatures in Greek mythology and reflections in science. Am J Med Genet. pp.66-80.

12) Deschamps et al. (2005) 12. History of xenotransplantation. Xenotransplantation. pp.91-109.

13) Danilevicius Z. SS. (1967) 201. Cosmas and Damian. The patron saints of medicine in art. JAMA. pp.1021-1025; 야코부스 데 보라기네 지음, 윤기향 번역, 2007, 《황금 전설》, 크리스챤다이제스트, pp.904-907.

14) 서종석, (2020) 29, 〈종교적 신화와 역사적 유산: 성 코스마스와 성 다미안은 어떻게 외과 의학의 수호 성인이 되었나? - 「검은 다리의 기적」에서 21세기 이식의학까지〉, Korean J Med Hist 165-214쪽.

15) Matthews LG. SS. (1968) 12. Cosmas and Damian-Patron Saints of Medicine and Pharmacy Their Cult in England. Med Hist. pp.281 – 288; Friedlaender & Friedlaender. (2016) 474. Saints Cosmas and Damian: Patron Saints of Medicine. Clin Orthop Relat Res. pp.1765-1769.

16) Zimmerman LM. (1936) 33. Cosmas and Damian, patron saints of surgery. Am J Surg. pp.160-170; Beldekos et al. (2015) 54. The medical vestment and surgical instruments of saint Cosmas and Damian on Sinai icons from the seventh to the eighteenth century. J Relig Health. pp.2020-2032

17) Danilevicius Z. SS. (1967) 201. Cosmas and Damian. The patron saints of medicine in art. JAMA. pp.1021-1025; Matthews LG. SS. (1968) 12. Cosmas and Damian— Patron Saints of Medicine and Pharmacy Their Cult in England. Med Hist. pp.281 – 288; Jović & Theologou. (2015) 13. The miracle of the black leg: E astern neglect of Western addition to the hagiography of Saints Cosmas and Damian. Acta Med Hist Adriat. pp.329-344.

18) LaWall CH. St. (1934) 11. Cosmas and St. Damian, patron saints of medicine and pharmacy. J. Chem. Educ. pp.555-557; Matthews LG. SS. (1968) 12. Cosmas and Damian— Patron Saints of Medicine and Pharmacy Their Cult in England. Med Hist. pp.281 – 288; O'Reilly RJ. (1971) 38. Cosmas and Damian: their medical legends and historical legacy. The Linacre Quarterly. pp.254-260.

19) Echeverry et al. (2010) 641. Introduction to urinalysis: historical perspectives and clinical application. Methods Mol Biol. pp.1-12; Das & Shah. (2011) 59 Suppl. History of diabetes: from ants to analogs. J Assoc Physicians India. pp.6-7.

20) Wilcox & Whitham. (2003) 138. The symbol of modern medicine: why one snake is more than two. Ann Intern Med. pp.673-677.

21) Zimmerman LM. (1936) 33. Cosmas and Damian, patron saints of surgery. Am J Surg. pp.160 – 168; Hernigou P. (2014) 38. Bone transplantation and tissue engineering, part I. Mythology, miracles and fantasy: from Chimera to the Miracle of the Black Leg of Saints Cosmas and Damian and the cock of John Hunter, Int Orthop. pp.2631-2638; Jovic & Theologou. (2015) 13. The miracle of the black leg: Eastern neglect of Western addition to the hagiography of Saints Cosmas and Damian. Acta Med Hist Adriat. pp.329-344.

22) Maggioni & Maggioni. (2014) 14. A closer look at depictions of Cosmas and Damian. Am J Transplant. pp.494-495; Jović & Theologou. (2015) 13. The miracle of the black leg: E astern neglect of Western addition to the hagiography of Saints Cosmas and Damian, Acta Med Hist

Adriat. pp.329-344.

23) Berger YE. (2014) 3. The specifics of surgical education in Medieval Europe. History of Medicine. pp.112-118; Ibery et al. (2006) 99. Do surgeons wish to become doctors? J R Soc Med. pp.197-199.

24) Aird WC. (2011) 9. Discovery of the cardiovascular system: from Galen to William Harvey. J Thromb Haemost. Suppl 1. pp.118-129; Karamanou et al. (2015) 56. Galen's (130-201 AD) Conceptions of the Heart. Hellenic J Cardiol. pp.197-200.

25) Farr AD. (1980) 24. The first human blood transfusion. Med Hist. pp.143 - 162.

26) Giangrande PL. (2000) 110. The history of blood transfusion. Br J Haematol. pp.758-767.

27) Schwarz & Dorner. (2003) 121. Karl Landsteiner and his major contributions to haematology. Br J Haematol, pp.556-565; Tan & Graham,(2013) 54. Karl Landsteiner (1868-1943): originator of ABO blood classification. Singapore Med J. pp.243-244.

28) Telischi M. (1974) 14. volution of Cook County Hospital Blood Bank, Transfusion, pp.623-628.

29) Harrison et al. (1956) 6. Renal homotransplantation in identical twins, Surg Forum. pp.432-436.

30) Medawar PB. (1944) 78. The behaviour and fate of skin autografts and skin homografts in rabbits: a report to the War Wounds Committee of the Medical Research Council, J Anat. pp.176-199.

31) Rhu J. (2020) 63. History of organ transplantation and the development of key immunosuppressants. J Korean Med Assoc. pp.241-250.

32) Borel et al. (1976) 6. Biological effects of cyclosporin A: a new antilymphocytic agent. Agents Actions. pp.468-475.

33) Kahan BD. (1989) 321. Cyclosporine. N Engl J Med. pp.1725-1738.

34) 윌리엄 브로드 · 니콜라스 웨이드 지음, 김동광 옮김, 2007, 《진실을 배반한 과학자들》, 미래M&B, 218-224쪽.

35) Weissmann G. (2006) 20. Science fraud: from patchwork mouse to patchwork data, FASEB J. pp.587-590.

36) Culliton BJ. (1974) 184. The Sloan-Kettering Affair: A Story without a Hero, Science. pp.644-650; Grove JW. (1996) 34. The morality of scientists revisited. Minerva. pp.57-67.

감염

1) 데이비드 우튼 지음, 정태훈 옮김, 2020, 《과학이라는 발명》, 김영사, 89-103쪽.

2) 펠리페 페르난데스-아르메스토 지음, 유나영 옮김, 2018, 《음식의 세계사 여덟 번의 혁명》, 소와당, 324-351쪽.

3) 찰스 밴 도렌 지음, 박중서 옮김, 2010, 《지식의 역사》, 갈라파고스, 396-405쪽.

4) Sgouridou M. (2014) 22. The figure of the doctor and the science of medicine through Boccaccio's "Decameron". Infez Med. pp.62-68.

5) 정상조, 2021, 《기술혁신의 기원》, 서울대학교출판문화원, 103-106쪽.

6) 마틴 켐프 지음, 오숙은 옮김, 2010, 《보이는 것과 보이지 않는 것》, 을유출판사, 21-53쪽.

7) Weisz GM. (1997) 67. The papal contribution to the development of modern medicine. Aust N Z J Surg. pp.472-475.

8) Park K. (1994) 47. The Criminal and the Saintly Body: Autopsy and Dissection in Renaissance Italy. Renaissance Quarterly. pp.1-33.

9) Hempelmann & Krafts. (2013) 12. Bad air, amulets and mosquitoes: 2,000 years of changing perspectives on malaria. Malar J. p.232.

10) Getz FM. (1991) 24. Black Death and the Silver Lining: Meaning, Continuity, and Revolutionary Change in Histories of Medieval Plague. J. Hist. Biol. pp.265-289.

11) Gest H. (2004) 58. The discovery of microorganisms by Robert Hooke and Antoni Van Leeuwenhoek, fellows of the Royal Society. Notes Rec R Soc Lond. pp.187-201.

12) 데이비드 우튼 지음, 윤미경 옮김, 2007, 《의학의 진실》, 마티, 146-177쪽.

13) Pesapane et al. (2015) 90. Hieronymi Fracastorii: the Italian scientist who described the "French disease". An Bras Dermatol. pp.684-686.

14) King LS. Dr. (1952) 7. Koch's postulates. J Hist Med Allied Sci. pp.350-361.

15) Razaq S. (2020) 70. In harm's way. Br J Gen Pract. p.548.

16) Bassareo et al. (2020) 96. Learning from the past in the COVID-19 era: rediscovery of quarantine, previous pandemics, origin of hospitals and national healthcare systems, and ethics in medicine. Postgrad Med J. pp.633-638.

17) Race et al. (2016). Chemical, Biological, Radiological, and Nuclear Quarantine. Ciottone's Disaster Medicine. pp.504-512.

18) Lister J. (1867) 89. On a new method of treating compound fracture, abscess, etc.: with observations on the conditions of suppuration. Lancet. pp.326-329.

19) 린지 피츠해리스 지음, 이한음 옮김, 2020, 《수술의 탄생》, 열린 책들, 285-287쪽.

20) Rappuoli et al. (2014) 111. Vaccines, new opportunities for a new society. Proc Natl Acad Sci USA. pp.12288-12293.

21) Gross & Sepkowitz. (1998) 3. The myth of the medical breakthrough: smallpox, vaccination, and Jenner reconsidered. Int J Infect Dis. pp.54-60.

22) Riedel S. (2005) 18. Edward Jenner and the history of smallpox and vaccination. Proc (Bayl Univ Med Cent). pp.21-25.

23) Bird A. (2019) 112. James Jurin and the avoidance of bias in collecting and assessing evidence

on the effects of variolation. J R Soc Med. pp.119-123.

24) Huth E. (2006) 99. Quantitative evidence for judgments on the efficacy of inoculation for the prevention of smallpox: England and New England in the 1700s. J R Soc Med. pp.262-266.

25) Gosztonyi K. (2021) 108. How history of mathematics can help to face a crisis situation: the case of the polemic between Bernoulli and d'Alembert about the smallpox epidemic. Educ Stud Math. pp.105-122.

26) Hammarsten et al. (1979) 90. Who discovered smallpox vaccination? Edward Jenner or Benjamin Jesty? Trans Am Clin Climatol Assoc. pp.44 –55; Pead PJ. (2003) 362. Benjamin Jesty: new light in the dawn of vaccination. Lancet. pp.2104-2109.

27) Henderson DA. (1997) 112. Edward Jenner's vaccine. Public Health Rep. pp.116-121.

28) Wilson & Marcuse. (2001) 1. Vaccine safety: vaccine benefits: science and the public'''s perception. Nat Rev Immunol. pp.160-165.

29) Morgan & Parker. (2007) 147. Translational mini-review series on vaccines: The Edward Jenner Museum and the history of vaccination. Clin Exp Immunol. pp.389-394.

30) Ross JJ. (2005) 40. Shakespeare's chancre: did the bard have syphilis? Clin Infect Dis. pp.399-404.

31) Litvak-Hinenzon & Stone. (2009) 6. Spatio-temporal waves and targeted vaccination in recurrent epidemic network models. J R Soc Interface. pp.749-60.

32) Sneader W. (2000) 321. The discovery of aspirin: a reappraisal. BMJ. pp.1591-1594.

33) 도널드 커시 · 오기 오거스 지음, 고호관 옮김, 2019, 《인류의 운명을 바꾼 약의 탐험가들》, 세종, 102-120쪽.

34) Bosch & Rosich. (2008) 82. The contributions of Paul Ehrlich to pharmacology: a tribute on the occasion of the centenary of his Nobel Prize. Pharmacology. pp.171-179.

35) Valent et al. (2016) 8. Paul Ehrlich (1854-1915) and His Contributions to the Foundation and Birth of Translational Medicine. J Innate Immun. pp.111-120.

36) 피터 메더워 지음, 조호근 옮김, 2020, 《젊은 과학자에게》, 서커스, 170-172쪽.

37) Fleming A. (1929) 10. On the antibacterial action of cultures of a Penicillium, with special reference to their use in the isolation of B. influenzæ. Br J Exp Pathol. pp.226 –236.

38) Gould K. (2016) 71. Antibiotics: from prehistory to the present day. J Antimicrob Chemother. pp.572-575.

39) Chain E, Florey HW, et al. (1940) 236. Penicillin as a chemotherapeutic agent. Lancet. pp.226 –228; Abraham, et al. (1941) 238. Further observations on penicillin. Lancet. pp.177 –188.

40) Contopoulos-Ioannidis et al. (2003) 114. Translation of highly promising basic science research into clinical applications. Am J Med. pp.477-484.

41) Ventola CL. (2015) 40. The antibiotic resistance crisis: part 1: causes and threats. P T. pp.277-283.

42) Spellberg & Taylor-Blake. (2013) 2. On the exoneration of Dr. William H. Stewart: debunking an urban legend. Infect Dis Poverty. p.3.

통증

1) Cox et al. (2006) 444. An SCN9A channelopathy causes congenital inability to experience pain. Nature. pp.894-898.

2) Raja et al. (2020) 161. The revised International Association for the Study of Pain definition of pain: concepts, challenges, and compromises. Pain. pp.1976-1982.

3) St Sauver et al. (2013) 88. Why patients visit their doctors: assessing the most prevalent conditions in a defined American population. Mayo Clin Proc. pp.56-67.

4) Cohen et al. (2021) 397. Chronic pain: an update on burden, best practices, and new advances. Lancet. pp.2082-2097.

5) Campagna et al. (2003) 348. Mechanisms of actions of inhaled anesthetics. N Engl J Med. pp.2110-2124; Forman & Chin. General anesthetics and molecular mechanisms of unconsciousness. Int Anesthesiol Clin. (2008) 46. pp.43-53.

6) Pleszczyńska et al. (2017) 33. Fomitopsis betulina (formerly Piptoporus betulinus): the Iceman's polypore fungus with modern biotechnological potential, World J Microbiol Biotechnol. p.83.

7) Dumas A. (1932) 24. The History of Anaesthesia. J Natl Med Assoc. pp.6-9.

8) Miller et al. (2009). Miller's Anesthesia (7th Ed) Volume 1. Churchill Livingstone. pp.8-10; Robinson & Toledo. (2012) 25. Historical development of modern anesthesia. J Invest Surg. pp.141-149.

9) Hawk AJ. (2021) 479. ArtiFacts: Built for Speed-Robert Liston's Surgical Technique. Clin Orthop Relat Res. pp.679-680.

10) Booser A. (2021) 118. The Astonishingly Slow Progress Towards Surgical Anesthesia: Part I. Mo Med. pp.511-517.

11) Gillman MA. (2019) 11. Mini-Review: A brief history of nitrous oxide (N2O) use in neuropsychiatry. Curr Drug Res Rev. pp.12-20.

12) Smith WD. (1965) 37. A history of nitrous oxide and oxygen anaesthesia. I. Joseph Priestley to Humphry Davy. Br J Anaesth. pp.790-798.

13) Riegels & Richards. (2011) 114. Humphry Davy: his life, works, and contribution to anesthesiology. Anesthesiology. pp.1282-1288.

14) West JB. (2014) 307. Humphry Davy, nitrous oxide, the Pneumatic Institution, and the Royal Institution. Am J Physiol Lung Cell Mol Physiol. L661-L667.

15) Buhre et al. (2019) 122. European Society of Anaesthesiology Task Force on Nitrous Oxide: a narrative review of its role in clinical practice. Br J Anaesth. pp.587-604.

16) 필자가 쓴 글에서 일부 발췌하고 변형했습니다. 전주홍, (2021) 27, 〈에테르 마취제 전쟁〉, 《스켑틱(Skeptic)》, 218-237쪽.

17) Jacobsohn PH. (1995) 42. Horace Wells: discoverer of anesthesia. Anesth Prog. pp.73 -75; Urman & Desai. (2012) 25. History of anesthesia for ambulatory surgery. Curr Opin Anaesthesiol. pp.641-647.

18) Haridas RP. (2013) 119. Horace wells' demonstration of nitrous oxide in Boston. Anesthesiology. pp.1014-1022.

19) Alper MH. (1964) 25. The ether controversy revisited. Anesthesiology. pp.560-563.

20) Thomson L. (2011). lastic Surgery. Greenwood. p.37.

21) Presentation of the Ether Monument to the City of Boston: Address of Dr. Henry J. Bigelow. Boston Med Surg J. (1868) 1. pp.351 -353

22) Ether. (1903) 149. Boston Med Surg J. p.471; Vandam LD. (1980) 52. Robert Hinckley's "The First Operation with Ether". Anesthesiology. pp.62-70; Warshaw AL. (2006) 140. Ether Day. 1846. revisited. Surgery. pp.472-473; Desai et al. (2007) 106. A tale of two paintings: depictions of the first public demonstration of ether anesthesia. Anesthesiology. pp.1046-1050; Chaturvedi & Gogna. (2011) 67. Ether day: an intriguing history. Med J Armed Forces India. pp.306-308.

23) Viets HR. (1949) 4. The earliest printed references in newspapers and journals to the first public demonstration of ether anesthesia in 1846. J Hist Med Allied Sci. pp.149-169.

24) Vandam & Abbott. Edward Gilbert Abbott: enigmatic figure of the ether demonstration. N Engl J Med. (1984) 311. pp.991-994.

25) Haridas RP. (2016) 124. "Gentlemen! This Is No Humbug": Did John Collins Warren, M.D. Proclaim These Words on October 16, 1846, at Massachusetts General Hospital, Boston? Anesthesiology. pp.553-560.

26) Bigelow HJ. (1846) 35. Insensibility during surgical operations produced by inhalation. Boston Med Surg J. pp.309-317.

27) Boott F. (1847) 49. Surgical operations performed during insensibility, produced by the inhalation of sulphuric ether. Lancet. pp.5 -8.

28) Ortega et al. (2006) 105. Written in granite: a history of the Ether Monument and its significance for anesthesiology. Anesthesiology. pp.838-842.

29) Haridas RP. (2016) 44 (Suppl). The etymology and use of the word 'anaesthesia' Oliver Wendell Holmes' letter to W. T. G. Morton. Anaesth Intensive Care. pp.38-44.

30) 1750년 알렉산더 고틀리프 바움가르텐(Alexander Gottlieb Baumgarten)은 《에스테티카(Aesthetica)》를 통해 미(美)의 문제를 감성적 인식의 문제로 파악하고자 했고, 이를 다루는 학문을 미

학이라고 불렀습니다.

31) Kopp Lugli et al. (2009) 26. Anaesthetic mechanisms: update on the challenge of unravelling the mystery of anaesthesia. Eur J Anaesthesiol. pp.807-320.

32) Bergman NA. (1992) 77. Michael Faraday and his contribution to anesthesia. Anesthesiology. pp.812-816.

33) Haridas & Bause. (2017) 3. A Newly Discovered Manuscript of Charles T. Jackson. MD: "History of the Patenting of the Application of Sulphuric Ether for the Production of Insensibility". J Anesth Hist. pp.37-46.

34) Emerson EW. (1896). A History of the Gift of Painless Surgery. Boston, Houghton. Mifflin and Company. p.9 .

35) 베너블의 제퍼슨 아카데미 친구인 앤드류 서몬드(Andrew J. Thurmond)와 에드워드 롤스(Edward S. Rawls) 그리고 아카데미 교장 윌리엄 서몬드(William. H. Thurmond)가 지켜보는 가운데 낭종 하나를 성공적으로 제거했습니다.

36) Long, CW. (1849) 5. An account of the first use of Sulphuric Ether by Inhalation as an Anaesthetic in Surgical Operations, Southern Med. Surg. J. pp.705-713.

37) Osler W. (1917) 1. The First Printed Documents Relating to Modern Surgical Anæsthesia. Ann Med Hist. pp.329-332.

38) Haridas et al. (2019) 131. Etymology of Letheon: Nineteenth-century Linguistic Effervescence. Anesthesiology. pp.1210-1222; Haridas & Gionfriddo. (2021) 7. Bause GS. Morton's Letheon: When was the name Letheon chosen? J Anesth Hist. pp.1-10.

39) Haridas & Bause. (2017) 3. A Newly Discovered Manuscript of Charles T. Jackson. MD: "History of the Patenting of the Application of Sulphuric Ether for the Production of Insensibility". J Anesth Hist. pp.37-46.

40) Roddy KJ, Starnes V, Desai SP. (2016) 125. Sites Related to Crawford Williamson Long in Georgia. Anesthesiology. pp.850-860.

41) Skolnick A. (1991) 265. US (officially) honors physicians with first 'National Doctors' Day'. JAMA. p.1069.

42) 전주홍, 최병진, 2016,《의학과 미술 사이》, 일파소, 254-261쪽.

43) Ramsay MA. (2006) 19. John Snow. MD: anaesthetist to the Queen of England and pioneer epidemiologist. Proc (Bayl Univ Med Cent). pp.24-28.

소화

1) Hunt KD. (1994) 26. The evolution of human bipedality: ecology and functional morphology. J Human Evo. pp.183-202.

2) Hawkes et al. (2018) 165. Hunter-gatherer studies and human evolution: A very selective

review. Am J Phys Anthropol. pp.777-800; Wobber et al. (2008) 55. Great apes prefer cooked food. J Hum Evol. pp.340-348.

3) Aiello & Wheeler. (1995) 36. The expensive-tissue hypothesis: The brain and the digestive system in human and primate evolution. Current Anthropology. pp.199-221.

4) 필자가 쓴 글에서 일부 발췌하고 변형했습니다. 전주홍, (2019) 19, 〈단맛, 달콤함 그 이상의 의미〉, 《스켑틱(SKEPTIC)》, 216-233쪽.

5) 존 매퀘이드 지음, 이충호 옮김, 2017, 《미각의 비밀》, 문학동네, 156-195쪽.

6) Eisinger J. (1982) 26. Lead and wine. Eberhard Gockel and the colica Pictonum. Med Hist. pp.279-302; Riva et al. (2012) 3. Lead poisoning: historical aspects of a paradigmatic "occupational and environmental disease". Saf Health Work. pp.11-16.

7) Wani et al. (2015) 8. Lead toxicity: a review, Interdiscip Toxicol. pp.55-64.

8) Mai FM. (2006) 36. Beethoven's terminal illness and death. J R Coll Physicians Edinb. pp.258-263.

9) Fernstrom et al. (2012) 142. Mechanisms for sweetness. J Nutr. pp.1134S-1141S.

10) Feng et al. (2014) 39. Taste bud homeostasis in health, disease, and aging. Chem Senses. pp.3-16.

11) Chamoun et al. (2018) 58. A review of the associations between single nucleotide polymorphisms in taste receptors, eating behaviors, and health. Crit Rev Food Sci Nutr. pp.194-207.

12) Li et al. (2005) 1. Pseudogenization of a sweet-receptor gene accounts for cats' indifference toward sugar. PLoS Genet. pp.27-35.

13) Jiang et al. (2012) 109. Major taste loss in carnivorous mammals. Proc Natl Acad Sci USA. pp.4956-4961.

14) Crittenden & Schnorr. (2017) 162. Current views on hunter-gatherer nutrition and the evolution of the human diet. Am J Phys Anthropol. pp.84-109.

15) Beauchamp GK. (2016) 164. Why do we like sweet taste: A bitter tale? Physiol Behav. pp.432-437.

16) Pond & Mattacks. (1987) 48. The anatomy of adipose tissue in captive Macaca monkeys and its implications for human biology. Folia Primatol (Basel). pp.164-185.

17) Tappy & Lê. (2010) 90. Metabolic effects of fructose and the worldwide increase in obesity. Physiol Rev. pp.23-46; Singh et al. (2015) 10. Global Burden of Diseases Nutrition and Chronic Diseases Expert Group (NutriCoDE), Global, Regional, and National Consumption of Sugar-Sweetened Beverages, Fruit Juices, and Milk: A Systematic Assessment of Beverage Intake in 187 Countries. PLOS ONE. e0124845.

18) Gorboulev et al. (2012) 61. Na(+)-D-glucose cotransporter SGLT1 is pivotal for intestinal glucose absorption and glucose-dependent incretin secretion. Diabetes. pp.187-196; Barone

et al. (2009) 284. Slc2a5 (Glut5) is essential for the absorption of fructose in the intestine and generation of fructose-induced hypertension. J Biol Chem. pp.5056-5066.

19) Teff et al. (2004) 89. Dietary fructose reduces circulating insulin and leptin, attenuates postprandial suppression of ghrelin, and increases triglycerides in women. J Clin Endocrinol Metab. pp.2963-2972.

20) Elliott et al. (2002) 76. Fructose, weight gain, and the insulin resistance syndrome. Am J Clin Nutr. pp.911-922; Bray GA. (2007) 86. How bad is fructose? Am J Clin Nutr. pp.895-896; Hannou et al. (2018) 128. Fructose metabolism and metabolic disease. J Clin Invest. pp.545-555.

21) Swami et al. (2007) 26. The female nude in Rubens: disconfirmatory evidence of the waist-to-hip ratio hypothesis of female physical attractivenes. Imagination. Cognition and Personality. pp.139-147.

22) Bovet & Raymond. (2015) 10. Preferred women's waist-to-hip ratio variation over the last 2,500 years. PLoS One. e0123284.

23) Ingalls et al. (1950) 41. Obese, a new mutation in the house mouse. J Hered. pp.317-318.

24) Zhang et al. (1994) 372. Positional cloning of the mouse obese gene and its human homologue. Nature. pp.425-432.

25) Halaas et al. (1995) 269. Weight-reducing effects of the plasma protein encoded by the obese gene. Science. pp.543-546.

26) Montague et al. (1997) 387. Congenital leptin deficiency is associated with severe early-onset obesity in humans. Nature. pp.903-908.

27) Neill US. (2010) 120. Leaping for leptin: the 2010 Albert Lasker Basic Medical Research Award goes to Douglas Coleman and Jeffrey M. Friedman. J Clin Invest. pp.3413-3418.

28) Heymsfield et al. (1999) 282. Recombinant leptin for weight loss in obese and lean adults: a randomized, controlled, dose-escalation trial. JAMA. pp.1568-1575; Gura T. (1999) 286. Obesity research. Leptin not impressive in clinical trial. Science. pp.881-882.

29) Abenavoli et al. (2019) 11. Gut Microbiota and Obesity: A Role for Probiotics. Nutrients. p.2690.

30) Bukvic & Elling. (2015) 555. Genetics in the art and art in genetics. Gene. pp.14-22.

31) Pozzilli & Khazrai. (2005) 28. "La Monstrua Vestida", a case of Prader-Willi syndrome. J Endocrinol Invest. p.199; Oranges et al. (2017) 40. "La Monstrua Desnuda": an artistic textbook representation of Prader-Willi syndrome in a painting of Juan Carreño de Miranda(1680). J Endocrinol Invest. pp.691-692; Bumbuluţ et al. (2014) 1. Paintings of a Case of Obesity in the 17th Century. Probably Due to Prader-Willi Syndrome. Medical Connections. pp.59-61.

32) Loos & Yeo. (2022) 23. The genetics of obesity: from discovery to biology. Nat Rev Genet.

pp.120-133.

33) Barabasi & Oltvai. (2004) 5. Network biology: understanding the cell's functional organization. Nat Rev Genet. pp.101-113; Barabasi et al. (2011) 12. Network medicine: a network-based approach to human disease. Nat Rev Genet. pp.56-68.

34) Jeong et al. (2000) 407. The large-scale organization of metabolic networks. Nature. pp.651-654.

35) Christakis & Fowler. (2007) 357. The spread of obesity in a large social network over 32 years. N Engl J Med.pp.370-379.

36) Bayless et al. (2017) 19. Lactase Non-persistence and Lactose Intolerance. Curr Gastroenterol Rep. p.23; Misselwitz et al. (2019) 68. Update on lactose malabsorption and intolerance: pathogenesis, diagnosis and clinical management. Gut. pp.2080-2091.

37) Mattar et al. (2012) 5. Lactose intolerance: diagnosis, genetic, and clinical factors. Clin Exp Gastroenterol. pp.113-121.

38) Gerbault et al. (2011) 366. Evolution of lactose persistence: an example of human niche construction. Phil. Trans. R. Soc. B, pp.863-877; Ségurel & Bon. (2017) 18. On the Evolution of Lactase Persistence in Humans. Annu Rev Genomics Hum Genet. pp.297-319.

39) Evershed et al. (2022) 608. Dairying, diseases and the evolution of lactase persistence in Europe. Nature. pp.336-345.

40) Curry A. (2013) 500. Archaeology: The milk revolution. Nature. pp.20-22.

41) Salque et al. (2013) 493. Earliest evidence for cheese making in the sixth millennium BC in northern Europe. Nature. pp.522-525; Evershed et al. (2008) 455. Earliest date for milk use in the Near East and southeastern Europe linked to cattle herding. Nature. pp.528-531.

42) Dunne J. (2012) 486. First dairying in green Saharan Africa in the fifth millennium BC. Nature. pp.390-394.

노화

1) Haub C. (1995) 23. How many people have ever lived on earth? Popul Today. 4-5; https://www.prb.org/articles/how-many-people-have-ever-lived-on-earth/

2) Robine et al. (2019) 74. The real facts supporting Jeanne Calment as the oldest ever human. J. Gerontol. S13 –S20.

3) 데이비드 싱클레어·메슈 러플랜트 지음, 이한음 옮김, 2020, 《노화의 종말》, 부키, 140-144쪽.

4) Schafer D. (2005) 51. Aging, longevity, and diet: historical remarks on calorie intake reduction. Gerontology. pp.126-130.

5) Osborne et al. (1917) 45. The effect of retardation of growth upon the breeding period and duration of life of rats. Science. pp.294-295.

6) McCay et al. (1935) 10. The effect of retarded growth upon the length of life span and upon the ultimate body size: one figure. J. Nutr. pp.63-79.

7) Koubova & Guarente. (2003) 17. How does calorie restriction work? Genes Dev. pp.313-321.

8) Flanagan et al. (2020) 40. Calorie restriction and aging in humans. Annu Rev Nutr. pp.105-133; Dorling et al. (2021) 79. Effects of caloric restriction on human physiological, psychological, and behavioral outcomes: highlights from CALERIE phase 2. Nutr Rev. pp.98-113.

9) Soukas et al. (2019) 30. Metformin as Anti-Aging Therapy: Is It for Everyone? Trends Endocrinol Metab. pp.745-755; Selvarani et al. (2021) 43. Effect of rapamycin on aging and age-related diseases-past and future. Geroscience. pp.1135-1158; Zhou et al. (2021). Effects and Mechanisms of Resveratrol on Aging and Age-Related Diseases. Oxid Med Cell Longev. 2021:9932218

10) Kirkwood TB. (2005) 120. Understanding the odd science of aging. Cell. pp.437-447.

11) Williams GC. (1957) 11. Pleiotropy. Natural Selection, and the Evolution of Senescence. Evolution. pp.398-411

12) Zainabadi K. (2018) 104. A brief history of modern aging research. Exp Gerontol. pp.35-42

13) Kaeberlein et al. (2001) 2001. Using yeast to discover the fountain of youth. Sci Aging Knowledge Environ. pe1

14) Kudlow et al. (2007) 8. Werner and Hutchinson-Gilford progeria syndromes: mechanistic basis of human progeroid diseases. Nat Rev Mol Cell Biol. pp.394-404

15) Lopez-Otin & Kroemer. (2021) 184. Hallmarks of Health. Cell. pp.33-63.

16) Medvedev ZA. (1990) 65. An attempt at a rational classification of theories of ageing. Biol Rev Camb Philos Soc. pp.375-398

17) 박상철 지음, 2019, 《마그눔 오푸스 2.0》, 우듬지, 152-168쪽.

18) 앤드루 도이그 지음, 석혜미 옮김, 2023, 《죽음의 역사》, 브로스테인, 49-70쪽.

19) Kirkwood & Austad. (2000) 408. Why do we age? Nature. pp.233-238; Kirkwood TB. (2002) 123. Evolution of ageing. Mech Ageing Dev. pp.737-745; Kirkwood TB. (2008) 263. Understanding ageing from an evolutionary perspective. J Intern Med. pp.117-127

20) Kirkwood TB. (1977) 270. Evolution of ageing. Nature. pp.301-304; Gavrilov & Gavrilova. (2002) 2. Evolutionary theories of aging and longevity. ScientificWorldJournal. pp.339-356; Ljubuncic & Reznick. (2009) 55. The evolutionary theories of aging revisited: a mini-review. Gerontology. pp.205-216.

21) Harman D. (1956) 11. Aging: a theory based on free radical and radiation chemistry. J Gerontol. pp.298-300.

22) Perls et al. (2002) 99. Life-long sustained mortality advantage of siblings of centenarians. Proc Natl Acad Sci USA. pp.8442-8447.

23) López-Otín et al. (2013) 153. The hallmarks of aging. Cell. pp.1194-1217.

24) López-Otín et al. (2023) 186. Hallmarks of aging: An expanding universe. Cell. pp.243-278

25) Viña et al. (2007) 59. Theories of ageing. IUBMB Life. pp.249-254.

26) Gurdon et al. (1958) 182. Sexually mature individuals of Xenopus laevis from the transplantation of single somatic nuclei. Nature. pp.64-65.

27) Wilmut et al. (1997) 385. Viable offspring derived from fetal and adult mammalian cells. Nature. pp.810-813.

28) Takahashi & Yamanaka. (2006) 126. Induction of pluripotent stem cells from mouse embryonic and adult fibroblast cultures by defined factors. Cell. pp.663-676

29) Kirkland & Tchkonia. (2015) 68. Clinical strategies and animal models for developing senolytic agents. Exp Gerontol. pp.19-25; Xu et al. (2018) 24. Senolytics improve physical function and increase lifespan in old age. Nat Med. pp.1246-1256; Chaib et al. (2022) 28. Cellular senescence and senolytics: the path to the clinic. Nat Med. pp.1556-1568.

30) Conboy et al. (2005) 433. Rejuvenation of aged progenitor cells by exposure to a young systemic environment. Nature.pp.760-764; Conboy et al. (2013) 12. Heterochronic parabiosis: historical perspective and methodological considerations for studies of aging and longevity. Aging Cell. pp.525-530.

31) Jeon et al. (2022) 4. Systemic induction of senescence in young mice after single heterochronic blood exchange. Nat Metab. pp.995-1006.

32) Alcor Life Extension Foundation Extend your life with cryonics.. https://www.alcor.org/

실험

1) 필자가 쓴 《과학하는 마음》(바다출판사)에서 일부 내용을 발췌하고 변형했습니다.

2) Schwarz A. (2011) 10. The becoming of the experimental mode. Scientiae Studia. pp.65-83.

3) Wootton D. (2015). The Invention of Science: A New History of the Scientific Revolution. Penguin Books. pp.331-348.

4) Normandin S. (2007) 62. Claude Bernard and an introduction to the study of experimental medicine: "physical vitalism," dialectic, and epistemology. J Hist Med Allied Sci. pp.495-528.

5) Torday & Baluška. (2019) 20. Why control an experiment?: From empiricism, via consciousness, toward Implicate Order. EMBO Rep. e49110.

6) Szent-Gyorgyi A. (1972) 176. Dionysians and apollonians. Science. p.966; 알베르트 센트죄르지의 말은 프리드리히 니체(Friedrich Nietzsche)의 《비극의 탄생》을 연상시킵니다.

7) Gowlett JA. (2016) 371. The discovery of fire by humans: a long and convoluted process. Philos Trans R Soc Lond B Biol Sci. 20150164.

8) 전주홍 등, 2016,《마음의 장기 심장》, 바다출판사, 20-24쪽.

9) Franco NH. (2013) 3. Animal experiments in biomedical research: a historical perspective. Animals. pp.238-273.

10) 데이비드 우튼 지음, 정태훈 옮김, 2020,《과학이라는 발명》, 김영사, 88-162쪽.

11) Cassan E. (2021) 29. "A New Logic": Bacon's Novum Organum. Perspect Sci. pp.255-274.

12) Bishop & Gill. (2020) 113. Robert Boyle on the importance of reporting and replicating experiments. J R Soc Med. pp.79-83.

13) Schultz SG. (2002) 17. William Harvey and the circulation of the blood: the birth of a scientific revolution and modern physiology. News Physiol Sci. pp.175-180.

14) Aird WC. (2011) 9 (Suppl 1). Discovery of the cardiovascular system: from Galen to William Harvey. J Thromb Haemost. pp.118-129.

15) Findlen P. (1993) 31. Controlling the experiment: rhetoric, court patronage and the experimental method of Francesco Redi. Hist Sci. pp.35-64.

16) Parke EC. (2014) 45. Flies from meat and wasps from trees: Reevaluating Francesco Redi's spontaneous generation experiments. Stud Hist Philos Biol Biomed Sci. pp.34-42.

17) Wootton D. (2015). The Invention of Science: A New History of the Scientific Revolution. Penguin Books. pp.310-360.

18) 전주홍, 2021,《과학하는 마음》, 바다출판사, 23-71쪽.

19) McLaughlin P. (2002) 35. Naming biology. J Hist Biol. pp.1-4.

20) Weaver W. (1970) 170. Molecular biology: origin of the term. Science. pp.581-582.

21) Workman & Collins. (2010) 17. Probing the probes: fitness factors for small molecule tools. Chem Biol. pp.561-577.

22) Box G. (1976) 71. Science and stastistics. J American Stat Assoc, pp.791-799.

23) 전주홍, 2021, 앞의 책, 129-179쪽.

24) Collins R. (1994) 9. Why the social sciences won't become high-consensus, rapid-discovery science. Sociological Forum, pp.155-177.

25) Brown CM. (2018) 10. Careers in Core Facility Management. Cold Spring Harb Perspect Biol. a032805.

26) Wu et al. (2019) 566. Large teams develop and small teams disrupt science and technology. Nature. pp.378-382.

27) Howitt & Wilson. (2014) 15. Revisiting "Is the scientific paper a fraud?" EMBO Rep. pp.481-484.

28) McVeagh TC. (1963) 99. Medical authors and professional writers. Calif Med. pp.104-105.

29) Das & Das. (2014) 24. Hiring a professional medical writer: is it equivalent to ghostwriting?.

Biochem Med (Zagreb). pp.19-24; Sharma S. (2018) 9. Professional medical writing support: The need of the day. Perspect Clin Res. pp.111-112.

30) Fortunato et al. (2018) 359. Science of science. Science. eaao0185.

31) Park et al. (2023) 613. Papers and patents are becoming less disruptive over time. Nature. (2023) 613. pp.138-144; Kozlov M. 'Disruptive' science has declined – and no one knows why. Nature. p.225.

32) 찰스 스노우 지음, 오영환 옮김, 2001,《두 문화: 과학과 인문학의 조화로운 만남을 위하여The Two Cultures》, 사이언스북스, 144-159쪽; Cohen BR. (2001) 25(1). Science and humanities: across two cultures and into science studies, Endeavour, pp.8-12.

33) Mednick SA. (1962) 69. The associative basis of the creative process. Psychol Rev. pp.220-232.

34) Uzzi et al. (2013) 342. Atypical combinations and scientific impact. Science. pp.468-472.

부록

1) Sutton C. (1994) 27. 'Nullius in verba' and 'nihil in verbis': Public understanding of the role of language in science. Brit J Hist Sci. pp.55-64.

2) Richards D. (2010) 11. 'Nullius in verba'. Evid Based Dent. p.66.

3) 홍대길 지음, 2021,《과학관의 탄생》, 지식의 날개, 200-246쪽.

4) Science: The Endless Frontier; https://www.nsf.gov/od/lpa/nsf50/vbush1945.htm

5) Pielke R. (2010) 466. In Retrospect: Science — The Endless Frontier. Nature. pp.922-923.

6) Connolly & Heymann. (2002) 360. Deadly comrades: war and infectious diseases. Lancet. Suppl pp.23-24; Cirillo VJ. (2008) 51. Two faces of death: fatalities from disease and combat in America's principal wars, 1775 to present. Perspect Biol Med. pp.121-133.

7) Quirke & Gaudilliere. (2008) 52. The era of biomedicine: science, medicine, and public health in Britain and France after the Second World War. Med Hist. pp.441-452.

8) https://www.ncbi.nlm.nih.gov/books/NBK235735/

9) Somia & Verma. (2000) 1. Gene therapy: trials and tribulations. Nat Rev Genet. pp.91-99.

10) Wurtman & Bettiker. (1995) 1. The slowing of treatment discovery, 1965-1995. Nat Med. pp.1122-1125.

11) Contopoulos-Ioannidis et al. (2003) 114. Translation of highly promising basic science research into clinical applications, Am J Med. pp.477-484.

12) Lee et al. (1940) 2. Physiology and Clinical Medicine: Bridging the Gap. Br Med J. pp.328-331.

13) Butler D. (2008) 453. Translational research: crossing the valley of death. Nature. pp.840-

842.

14) Wyngaarden J. (1979) 301. The clinical investigator as an endangered species. N Engl J Med. pp.1254-1259.

15) Nuland SB. (1995) Doctors: The Biography of Medicine. Vintage Books. pp.360-361.

16) Temple & Burkitt. (1991) 84. The war on cancer: failure of therapy and research: discussion paper. J R Soc Med. pp.95-98; Bailar & Gornik. (1997) 336. Cancer undefeated. N Engl J Med. pp.1569-1574; Haber et al. (2011) 145. The evolving war on cancer. Cell. pp.19-24.

17) Broder & Cushing M. (1993) 53. Trends in program project grant funding at the National Cancer Institute. Cancer Res. pp.477-484.

18) '중개연구'는 2000년대 초 한국보건산업진흥원에서 'translational research'를 번역한 용어입니다. 왜 중개연구라고 번역했는지는 명확히 알려지지 않았지만 중개연구는 이제 의생명과학 분야의 연구자라면 누구나 알고 있는 보편적 용어가 되었습니다. 이유는 확실하지 않지만 다른 과학 분과에 비해 의생명과학 분야에서는 응용연구보다 중개연구라는 표현이 훨씬 더 폭넓게 사용되고 있습니다.

19) Rubio et al. (2010) 85. Defining translational research: implications for training. Acad Med. pp.470-475.

20) Minna & Gazdar. (1996) 2. Translational research comes of age. Nat Med. pp.974-975.

21) Zemlo et al. (2000) 14. The physician-scientist: career issues and challenges at the year 2000. FASEB J. pp.221-230; Sarma et al. (2019) 8. Re-examining physician-scientist training through the prism of the discovery-invention cycle. F1000Res. p.2123.

22) 알렉스 브로드벤트 지음, 전형우·천혁득·황승식 옮김, 2015, 《역학의 철학》, 생각의힘, 127-144쪽.

23) No author listed. (2017) 16. Useless versus useful knowledge. Nat Mater. p.963.

24) Rees J. (2002) 296. Complex disease and the new clinical science. Science. pp.698-701; Charlton & Andras. (2005) 98. Medical research funding may have over-expanded and be due for collapse, QJM-Int-J Med. pp.53-55.

25) Sarma et al. (2020) 26. The physician-scientist, 75 years after Vannevar Bush-rethinking the 'bench' and 'bedside' dichotomy. Nat Med. pp.461-462.

26) Nosek & Errington. (2017) 6. Making sense of replications. Elife. e23383; Wallach et al. (2018) 16. Reproducible research practices, transparency, and open access data in the biomedical literature, 2015-2017. PLoS Biol. e2006930.

27) Baker M. (2016) 533. 1,500 scientists lift the lid on reproducibility. Nature. pp.452-454; Munafo et al. (2017) 1. A manifesto for reproducible science. Nat Hum Behav. 0021; Fanelli D. (2018) 115. Opinion: Is science really facing a reproducibility crisis, and do we need it to?. Proc Natl Acad Sci USA. pp.2628-2631; Challenges in irreproducible research. https://www.nature.com/collections/prbfkwmwvz

28) Begley & Ellis. (2012) 483. Drug development: Raise standards for preclinical cancer research. Nature. pp.531-533.

29) Prinz et al. (2011) 10. Believe it or not: how much can we rely on published data on potential drug targets? Nat Rev Drug Discov. p.712.

30) Horbach & Halffman. (2017) 12. The ghosts of HeLa: How cell line misidentification contaminates the scientific literature. PLoS One. e0186281.

31) American Type Culture Collection Standards Development Organization Workgroup ASN-0002. (2010) 10. Cell line misidentification: the beginning of the end. Nat Rev Cancer. pp.441-448.

32) Giner-Sorolla R. (2012) 7. Science or art? How aesthetic standards grease the way through the publication bottleneck but undermine science. Perspect Psychol Sci. pp.562-571.

그림 출처

화보 7) https://commons.wikimedia.org/wiki/File:Dr_Jenner_performing_his_first_
vaccination,_1796_Wellcome_M0000144.jpg

화보 13) https://commons.wikimedia.org/wiki/File:Claude_Bernard_and_his_pupils,_Oil_painting_
after_L%C3%A9on-Augus_Wellcome_V0017769.jpg

1-1) https://commons.wikimedia.org/wiki/File:Pregnant_male_White%27s_Seahorse-
Hippocampus_whitei_(16175153524).jpg

1-2) https://commons.wikimedia.org/wiki/File:Australopithecus_afarensisIMG_2930.JPG

1-3) https://commons.wikimedia.org/wiki/File:Caucasian_Human_Skull.jpg

2-2) https://commons.wikimedia.org/wiki/File:Die_Leiter_des_Auf-_und_Abstiegs.jpg

3-1) https://commons.wikimedia.org/wiki/File:Inscribed_model_of_a_sheep_liver_-_BM.jpg

3-3) https://www.donsmaps.com/cuevadelpindal.html

3-4) https://commons.wikimedia.org/wiki/File:The_judgement_of_the_dead_in_the_presence_of_Osiris.jpg

3-5) https://commons.wikimedia.org/wiki/File:Codex_Magliabechiano_(141_cropped).jpg

4-1) https://commons.wikimedia.org/wiki/File:Nicolaes_Moeyaert_005.jpg

4-2) https://commons.wikimedia.org/wiki/File:Jacopo_da_Carpi.JPG

4-3) https://commons.wikimedia.org/wiki/File:Vesalius%27_%22Fabrica%22_(1543).jpg

5-1) https://commons.wikimedia.org/wiki/File:Houghton_Typ_525.97.820_-_De_curtorum_
chirurgia_per_insitionem,_icon_octua_-_cropped.jpg

5-2) https://commons.wikimedia.org/wiki/File:Lascaux_01.jpg

5-3) https://commons.wikimedia.org/wiki/File:Human_headed_winged_bull_facing.jpg

6-1) https://commons.wikimedia.org/wiki/File:Joseph_Lister,_Baron_Lister_acclaims_Louis_
Pasteur_at_Pasteu_Wellcome_V0027885.jpg

7-1) https://commons.wikimedia.org/wiki/File:Acts_of_surgery_and_amputation,_by_J.Amman,_
circa_1565,_Wellcome_L0009832.jpg

7-2) https://commons.wikimedia.org/wiki/File:A_man_breathing_in_nitrous_oxide_%28cropped%29.jpg

7-3) https://commons.wikimedia.org/wiki/File:Robert_Hinckley_The_First_Operation_Under_
Ether_1881-96.JPG

7-4) https://commons.m.wikimedia.org/wiki/File:Unveiling_of_Statue_of_Crawford_W._Long_in_
Statuary_Hall,_Washington,_D._C.png

8-1) https://commons.wikimedia.org/wiki/File:Venus_of_Willendorf_at_NHM_Vienna.jpg

8-2) https://commons.wikimedia.org/wiki/File:Romolo_e_remo.jpg

10-1) https://commons.wikimedia.org/wiki/File:William_Harvey_(1578-1657)_Venenbild.jpg

역사가 묻고 생명과학이 답하다

초판 1쇄 발행 2023년 7월 19일
초판 6쇄 발행 2024년 7월 8일

지은이 • 전주홍

펴낸이 • 박선경
기획/편집 • 이유나, 지혜빈, 김선우
홍보/마케팅 • 박언경, 황예린, 서민서
표지 디자인 • forbstudio
디자인 제작 • 디자인원(031-941-0991)

펴낸곳 • 도서출판 지상의책
출판등록 • 2016년 5월 18일 제2016-000085호
주소 • 경기도 고양시 일산동구 호수로 358-39 (백석동, 동문타워 I) 808호
전화 • 031)967-5596
팩스 • 031)967-5597
블로그 • blog.naver.com/kevinmanse
이메일 • kevinmanse@naver.com
페이스북 • www.facebook.com/galmaenamu
인스타그램 • www.instagram.com/galmaenamu.pub

ISBN 979-11-976379-7-1/03470
값 18,500원